Fazal Muhammad
M. Waleed Raza

Diferentes coordenadas de potencial solar do Paquistão

Fazal Muhammad
M. Waleed Raza

Diferentes coordenadas de potencial solar do Paquistão

Quetta, Paquistão

ScienciaScripts

Imprint

Cover image: www.ingimage.com

This book is a translation from the original published under ISBN 978-620-2-30987-5.

Publisher:
Sciencia Scripts
is a trademark of
Dodo Books Indian Ocean Ltd. and OmniScriptum S.R.L publishing group

120 High Road, East Finchley, London, N2 9ED, United Kingdom
Str. Armeneasca 28/1, office 1, Chisinau MD-2012, Republic of Moldova, Europe
Printed at: see last page
ISBN: 978-620-8-32518-3

Dedicação

Fazal Muhammad

Dedicado ao meu pai, Noor Muhammad, que praticava o engenho, e ao meu irmão, Ali Muhammad, que me lisonjeou ao tornar-se engenheiro.

Muhammad Waleed Raza

Dedicado aos meus pais, que me educaram para acreditar que tudo é possível, e a Ahsan, que o inspirou mas não o vai ler.

Os autores

Fazal Muhammad é um engenheiro de investigação e educador com 8 anos de envolvimento prático no desenvolvimento de equipamentos e sistemas de energia eléctrica de última geração. Foi engenheiro assistente na Habibullah Coastal Power Company, em Quetta; gestor assistente na Lahore Electric Supply Company (LESCO); diretor assistente no departamento de mão de obra, secção de testes comerciais, em Quetta; professor assistente na Universidade do Balochistão de Engenharia de Tecnologias da Informação e Ciências de Gestão (BUITEMS), em Quetta.

O Engr. Fazal Muhammad obteve o seu mestrado em engenharia de energia eléctrica na Universidade do Balochistão de Engenharia de Tecnologia da Informação e Ciências de Gestão (BUITEMS), Quetta; licenciatura em engenharia eléctrica na Universidade do Balochistão de Engenharia e Tecnologia de Khuzdar (BUETK). O Engr. Fazal Muhammad apresentou muitos trabalhos em conferências nacionais e internacionais. Trabalha ativamente na investigação, especialmente na área da energia solar no Paquistão. Lecciona cursos de energia eléctrica a estudantes licenciados. O Engr. Fazal Muhammad pode ser contactado em Fazalkhan00@gmail.com.

O Eng. Muhammad Waleed Raza é Professor Assistente na Universidade do Balochistão de Tecnologia da Informação, Engenharia e Ciências de Gestão (BUITEMS), Quetta. É académico, investigador e lecciona cursos de energia eléctrica a estudantes de graduação e pós-graduação. Concluiu o seu mestrado em Engenharia de Energia Eléctrica na Universidade do Balochistão de Engenharia de Tecnologias de Informação e Ciências de Gestão (BUITEMS), Quetta, e a sua licenciatura em Engenharia de Energia Eléctrica na Universidade de Engenharia e Tecnologia, Taxila. Publicou muitos artigos de investigação em revistas internacionais e nacionais. Pode ser contactado em waleed.zok@gmail.com.

Sobre este livro

Este livro é um esforço para estudar as diferentes coordenadas do potencial solar do Paquistão. O país tem um enorme potencial solar para aproveitar a radiação solar e convertê-la em energia eléctrica para satisfazer a procura contemporânea de energia eléctrica. O objetivo é estudar o âmbito e o futuro da energia solar no Paquistão. Está dividido em quatro capítulos para cobrir o valor atual da energia solar e identificar as coordenadas em todo o país com elevado valor de radiação solar.

O primeiro capítulo tem como objetivo apresentar o clima do Paquistão e as suas influências sobre a radiação solar. Abrange um estudo aprofundado do orçamento da radiação solar do Paquistão, da Irradiação Horizontal Global (GHI), da Irradiação Normal Direta (DNI) e do potencial solar das quatro províncias do Paquistão.

O segundo capítulo abrange o âmbito do potencial solar global e do Paquistão e o estudo exaustivo dos mapas que mostram a irradiância solar das diferentes coordenadas do país em função das diferentes estações do ano. Abrange também a comparação entre as regiões de baixa e alta radiação, a capacidade instalada solar na rede e a maior tarifa inicial dos projectos solares fotovoltaicos no Paquistão.

O terceiro capítulo continua a discutir em pormenor o futuro da energia solar no Paquistão. Abrange o financiamento dos projectos de energia solar, os projectos de energia solar no telhado, as perspectivas da energia solar no Paquistão e o papel dos projectos de energia solar na futura procura de eletricidade do país.

O quarto e último capítulo aborda as emissões de gases com efeito de estufa do Paquistão e o papel da tecnologia solar fotovoltaica e da energia solar concentrada (CSP) para salvar o ambiente do Paquistão. Aborda também a estratégia energética do governo, com especial referência à energia solar.

Agradecimentos

Um livro desta natureza sobre energia solar, como as diferentes coordenadas de potencial solar do Paquistão, não pode ser escrito sem a ajuda de muitas fontes. Tivemos a grande sorte de receber todo o apoio de muitas organizações e indivíduos neste domínio. Não só nos encorajaram a escrever sobre este tema tão oportuno, como também nos deram sugestões e comentários valiosos durante o desenvolvimento do livro.

Estamos gratos ao Dr. Faisal Khan, Reitor da Faculdade de Tecnologias da Informação e da Comunicação, BUITEMS; ao Dr. Surat Khan, Diretor do Departamento de Engenharia Eléctrica, BUITEMS; ao Dr. Faiz Ullah Khan, Diretor do Departamento de Engenharia de Telecomunicações, BUITEMS e ao Sr. Abdul Waseh pelo apoio à nossa investigação e publicações, incluindo a redação deste livro.

Reconhecemos de todo o coração o apoio valioso e profundamente sincero de todos vós.

Engr. Fazal Muhammad
Engr. Muhammad Waleed Raza
Quetta, Paquistão

ÍNDICE DE CONTEÚDOS

Capítulo 1

UMA INTRODUÇÃO ÀS COORDENADAS SOLARES DO PAQUISTÃO

1.1 Energia solar no Paquistão

Os combustíveis fósseis e as fontes nucleares estão a diminuir gradualmente, pelo que, para uma transição energética global, as fontes de energia renováveis são o candidato ideal que deve ocorrer ao longo deste século. Os combustíveis fósseis e as fontes nucleares têm muitos problemas ambientais e sociais. Tal como as fontes de energia tradicionais, as fontes de energia renováveis também têm impacto e limitações. Para planear e formular políticas para uma energia sustentável, o conhecimento destas limitações é de grande importância. As energias solar e eólica têm um potencial de produção de energia em grande escala. Atualmente, a energia eólica é explorada pelo Estado, tendo-se verificado uma descida acentuada dos custos de instalação, o que levou o sector privado do país a investir neste sector. É provável que o potencial eólico continue a ser digno de nota apenas nas zonas costeiras do país, que estão muito distantes da rede nacional do Paquistão, apenas para ajustar um par de Giga watts. O Paquistão tem o maior potencial de energia solar em todas as coordenadas do país, o que é visto como uma fonte vital a explorar. A energia solar não tem impactos adversos, tais como problemas climáticos e poluição atmosférica. As organizações estatais do Paquistão iniciaram vários projectos de energia solar em diferentes modos de funcionamento, mas não conseguiram obter um impacto significativo. Atualmente, o Instituto Nacional de Tecnologia do Silício (NIST) é uma organização gerida pelo Estado para melhorar a capacidade de fabrico, mas o fabrico ainda se encontra à escala piloto no país. A Water and Power Development Authority (WAPDA) do Paquistão tentou instalar sistemas de produção de eletricidade em pequena escala, mas não conseguiu mantê-los. Nos mercados abertos do Paquistão, os painéis solares importados estão disponíveis a preços exorbitantes.

1.2 Influência climática do Paquistão na irradiância solar

O clima do Paquistão é influenciado pelas perturbações dos ventos de oeste e pela estação das monções. O clima diurno e os ventos sazonais têm efeitos consideráveis na modelação da irradiância solar. A maioria das coordenadas do país tem um bom ângulo de elevação para aplicações fotovoltaicas (PV) e de energia solar concentrada (CSP) ao longo de todo o ano, mas o elevado teor de aerossóis e a cobertura de nuvens em certas regiões não permitem que o potencial de irradiação solar seja utilizado corretamente. As alterações climáticas globais têm efeitos nocivos que perturbam diretamente a irradiância solar, embora o Paquistão não contribua para a emissão de gases com efeito de estufa. A figura 1 indica diferentes tipos de nuvens sobre as vastas coordenadas do Paquistão. A planície ao longo do Indo, coberta por uma espessa tempestade ótica de nuvens, reduz substancialmente o potencial da irradiação solar para atingir as coordenadas. Estas nuvens espessas provocam frequentemente um ambiente húmido, com um aquecimento diurno que começa a aumentar durante a tarde. As coordenadas meridionais e ocidentais do Baluchistão estão livres de nuvens e têm um potencial significativo para receber a irradiação solar total. Não só as nuvens mas também o conteúdo de aerossóis têm um papel importante na variabilidade espacial e temporal da irradiância solar no Paquistão. Factores como as inundações, as secas, as tempestades e as ondas de calor têm impacto não só nas pessoas, mas também impedem que a irradiância solar chegue ao solo. A avaliação de todos estes efeitos positivos e negativos é necessária para a avaliação futura dos recursos solares do Paquistão. A figura abaixo indica a ocorrência de trovoadas durante a monção húmida (Solar Modeling Report of Pakistan-2015).

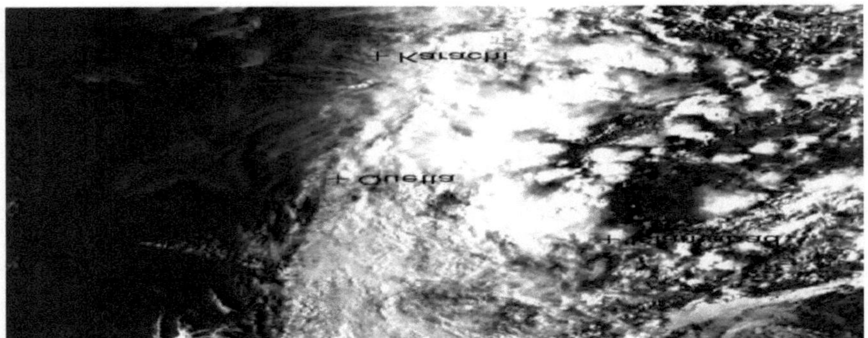

Figura 1 Trovoadas durante a monção húmida em agosto de 2008 nas planícies do Indo

1.3 Orçamento da radiação solar e tipos de irradiância solar

As ondas electromagnéticas que transportam a energia solar são conhecidas como irradiância solar, medida em watts por metro quadrado (W/m^2). A quantidade de energia solar que atinge a atmosfera terrestre, a irradiância extraterrestre, é de 1365 watts por metro quadrado em média global. Esta quantidade de energia solar não chega à superfície da Terra, pois a irradiância é dispersa, reflectida e absorvida pelo aerossol, nuvens, ozono, outros gases vestigiais e vapores de água. O orçamento da radiação solar explica a quantidade de irradiância solar absorvida, reflectida e dispersa e a quantidade de irradiância recebida no topo da superfície terrestre.

Global energy flows (w/m^2)

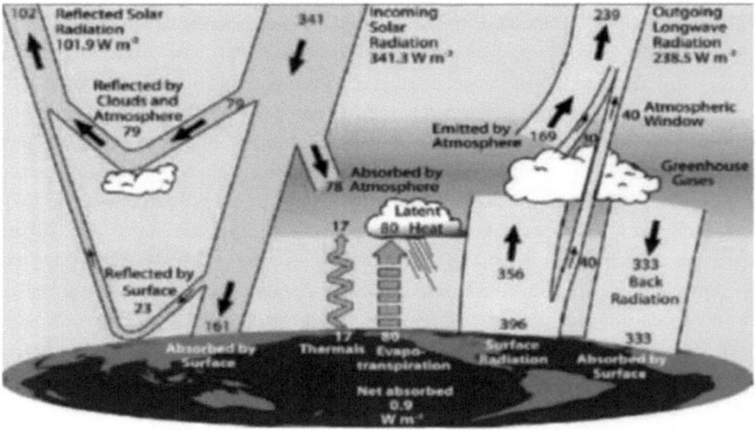

Figura 2 A média anual global do orçamento de radiação da Terra.

A natureza da dispersão (dispersão Mie ou Raleygh) e a fraqueza da intensidade da irradiância solar dependem também do tamanho e da forma das partículas atmosféricas. O orçamento da irradiância solar varia consideravelmente no espaço e no tempo. É obrigatório conhecer a Irradiância Normal Direta (DNI), a Irradiância Dispersa (SI) e a Irradiância Horizontal Global (GHI) para compreender o orçamento da energia solar. A irradiância normal direta é a radiação solar direta que atinge uma superfície perpendicular ao sol. A irradiância global é composta pela irradiância dispersa e pela irradiância direta. A irradiância global horizontal é importante para a produção de energia solar fotovoltaica, enquanto a irradiância direta normal tem uma importância especial para as aplicações da tecnologia solar térmica.

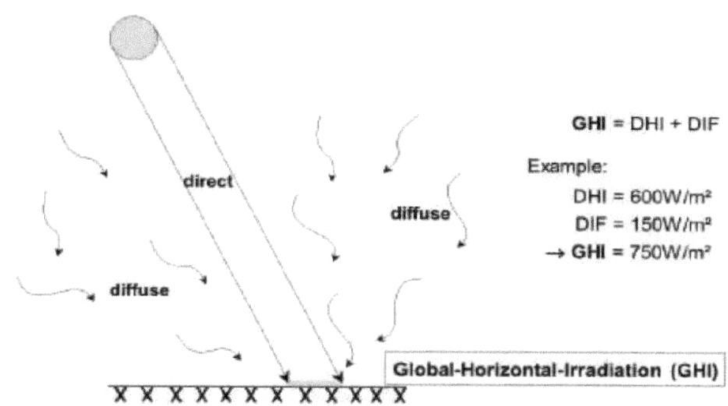

Figura 3 Ilustração esquemática da Irradiância Global Horizontal (GHI).

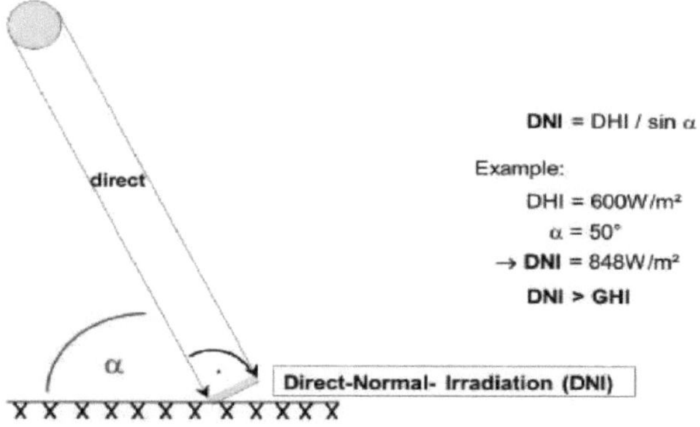

Figura 4 Ilustração esquemática da Irradiância Normal Direta (DNI).

1.4 Irradiância horizontal global do Paquistão

Os valores máximos da Irradiância Global Horizontal podem ser observados no sul e sudoeste do Paquistão, diminuindo gradualmente à medida que nos deslocamos para o norte e nordeste do país.

O valor mais elevado, ligeiramente superior a 2300 kWh/m^2 , pode ser observado no sudoeste do Baluchistão. Estes valores diminuem lentamente à medida que nos deslocamos para o nordeste do país. Mais de 90% da área terrestre do país está a receber mais de 1500 kWh/m^2 (Solar Modeling Report of Pakistan-2015).

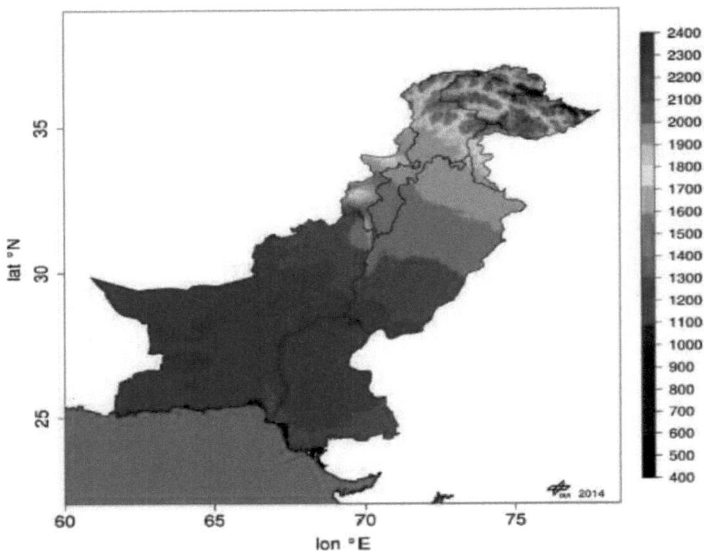

Figura 5 Irradiância Global Horizontal Anual (GHI) para o Paquistão em kWh/m²

O valor médio anual do GHI para todo o Paquistão é de 2071 kWh/m^2 . Os valores médios para as capitais de todas as províncias do país e para o Território da Capital de Islamabad (ICT) estão indicados na Figura 6. Os valores máximos do GHI podem ser observados em Karachi e Quetta, enquanto os valores mínimos são registados em zonas do norte, como Peshawar.

Quadro 1 GHI das capitais de província do Paquistão

Global Horizontal Irradiance (GHI)					
Year	**Islamabad**	**Quetta**	**Karachi**	**Lahore**	**Peshawar**
2015	188.748	199.327	222.664	179.950	195.633
2016	194.136	247.651	212.748	179.268	175.388
2017	176.192	208.522	227.884	192.507	154.415
Average	186.358	218.500	221.098	183.908	175.145

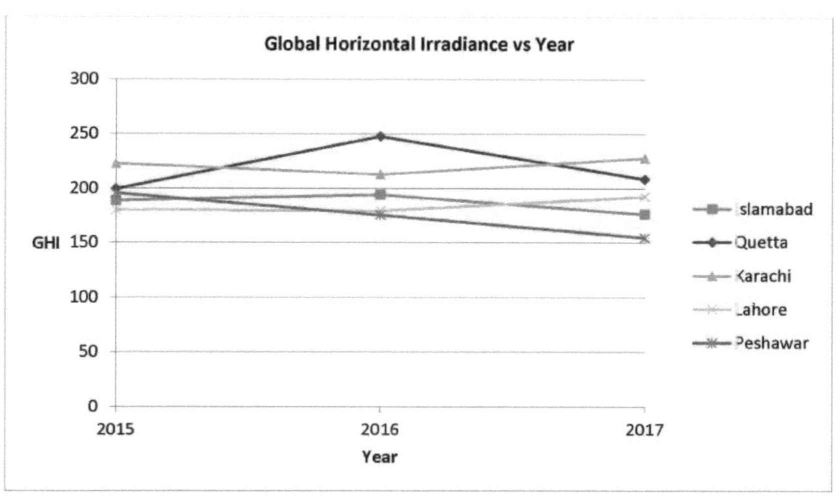

Figura 6 Valores médios anuais do GHI (2015-2017) para as capitais de província e as TIC do Paquistão.

Durante o período dos últimos três anos, os valores médios anuais do GHI estão a ter pouca diferença para todas as cidades. Em 2017, Karachi registou o valor médio anual mais elevado de GHI, 227,88 W/m^2 , enquanto Lahore registou o valor médio anual mais baixo de GHI, 179,26 W/m^2 , em 2016. Quetta registou a média anual máxima de GHI de 247,65 W/m^2 em 2016, a mais elevada de todas as cidades nos últimos três anos; enquanto a média anual de GHI de Peshawar foi a mais baixa em 2017. A média anual de GHI dos últimos três anos foi a mais elevada para as cidades do sul e sudoeste do Paquistão, como Karachi e Quetta, enquanto a média anual mínima de GHI foi observada em cidades do norte do Paquistão, como Peshawar, que registou uma média anual de GHI de 175 W/m .^{2}

Quadro 2 GHI das TIC e de quatro capitais de província do Paquistão.

Global Horizontal Irradiance, Monthly (2015-2017) Readings (W/m^2)					
Month	**Quetta**	**Islamabad**	**Karachi**	**Lahore**	**Peshawar**
			2015		
January	165.250	116.948	163.795	89.749	91.3400
February	208.392	126.255	215.382	138.868	123.540
March	220.164	165.310	252.273	176.573	155.860
April	272.613	237.395	287.526	224.470	235.496
May	307.313	276.176	296.142	261.208	246.525
June	319.279	267.261	270.704	260.917	282.833
July	308.496	223.408	174.669	189.384	228.246
August	287.467	223.146	163.862	204.907	207.211
September	269.366	225.105	238.677	202.948	199.613
October	220.129	172.362	220.393	174.817	155.743
November	164.894	121.03	181.994	123.797	109.812
December	142.920	110.574	170.011	111.763	95.2200
			2016		
January	160.139	106.006	161.488	81.6890	92.7780
February	213.184	161.758	213.381	163.975	126.540
March	206.317	173.021	243.459	192.579	143.227
April	276.185	240.610	274.553	244.138	224.855
May	313.641	272.237	278.280	252.903	253.599
June	324.619	283.215	266.353	249.744	265.326
July	314.766	249.212	163.199	211.778	242.317
August	297.169	242.161	178.020	181.590	220.203
September	279.910	207.714	216.397	199.555	191.422
October	238.398	168.983	213.468	158.321	150.914
November	187.149	113.464	183.635	117.112	106.183
December	160.325	111.249	160.740	97.8330	87.2920
			2017		
January	139.218	88.218	158.837	156.370	78.2240
February	170.804	151.151	213.718	159.323	135.919
March	222.043	204.308	253.303	218.278	183.289
April	302.023	261.091	285.677	236.059	220.229

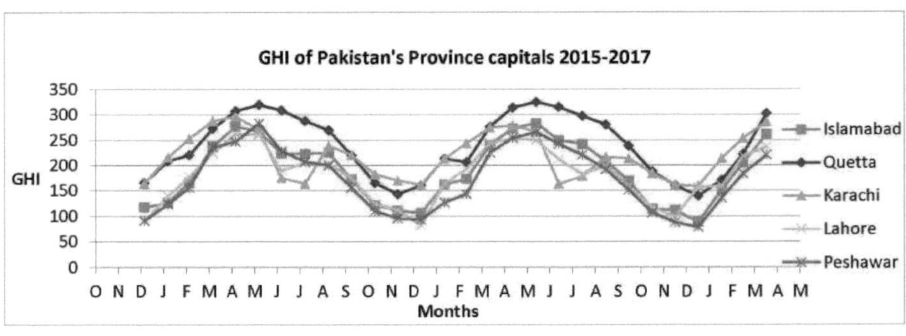

Figura 7 Valor médio mensal do GHI de janeiro de 2015 a abril de 2017 para as capitais de

província e ICT.

A figura 7 mostra os valores médios mensais do GHI de todas as capitais de província do país. O GHI médio mensal de Quetta é o mais elevado no ano de 2016. Os picos podem ser observados nos valores médios mensais do GHI de todas as cidades entre abril e setembro, devido ao aumento da duração dos dias, enquanto nos outros meses os valores médios mensais do GHI são mais baixos.

1.5 Irradiância normal direta

A Irradiância Normal Direta é a mais elevada nas terras altas secas ou nos desertos de rocha, quando não há ou há muito pouca advecção de poeiras das regiões adjacentes. Normalmente, observam-se valores elevados de DNI em todo o país. O valor mais elevado de DNI, 2700 kWh/m^2 , é observado no noroeste do Baluchistão, enquanto 83% do país ainda tem mais de 2000 kWh/m^2 de DNI. Estes valores do DNI são semelhantes aos valores mais elevados da Península do Sinai, que é um dos locais de topo em termos de irradiância na região MENA. É vital considerar a disponibilidade inter-anual e intra-anual da irradiância para além das somas anuais (Solar Modeling Report of Pakistan-2015).

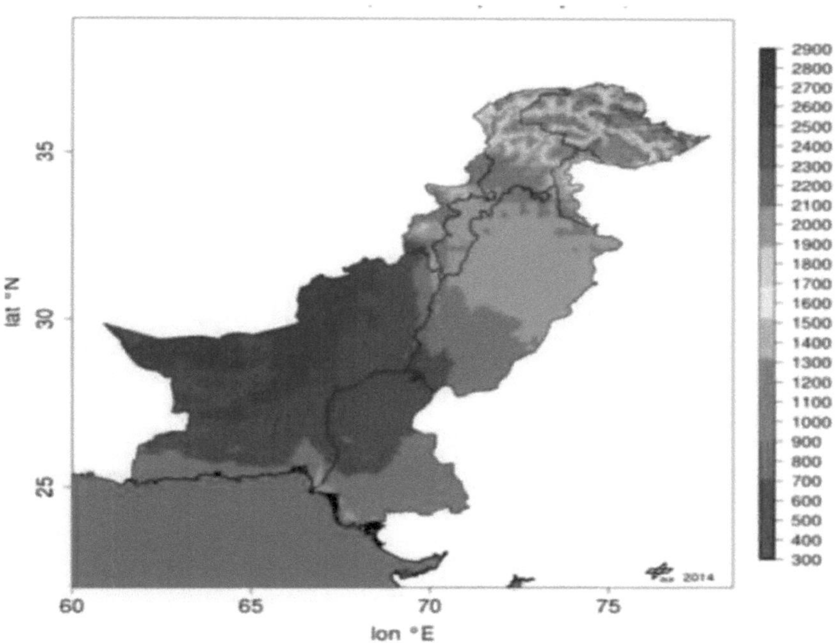

Figura.8 Irradiância Normal Direta (DNI) anual para o Paquistão em kWh/m^2

As alterações nos valores do DNI médio anual são quase idênticas para todas as capitais de província do Paquistão. O valor médio da média anual da DNI nos últimos três anos foi mais elevado em Quetta, que se situa no noroeste do Baluchistão. O valor seguinte mais elevado do valor médio anual da Irradiância Normal Direta foi o de Karachi, com 188 W/m^2 . A DNI média anual mais baixa foi observada em Lahore nos três anos, com uma média de apenas 143,23 W/m .^{2}

Quadro 3 Valores médios anuais da Irradiância Normal Direta para as capitais de província do Paquistão

Direct Normal Irradiance					
Year	**Islamabad**	**Quetta**	**Karachi**	**Lahore**	**Peshawar**
2015	147.788	262.759	172.692	142.165	177.477
2016	166.838	284.561	177.876	134.676	153.937
2017	170.264	226.946	213.619	152.861	153.418
Average	161.630	258.0887	188.062	143.234	161.610

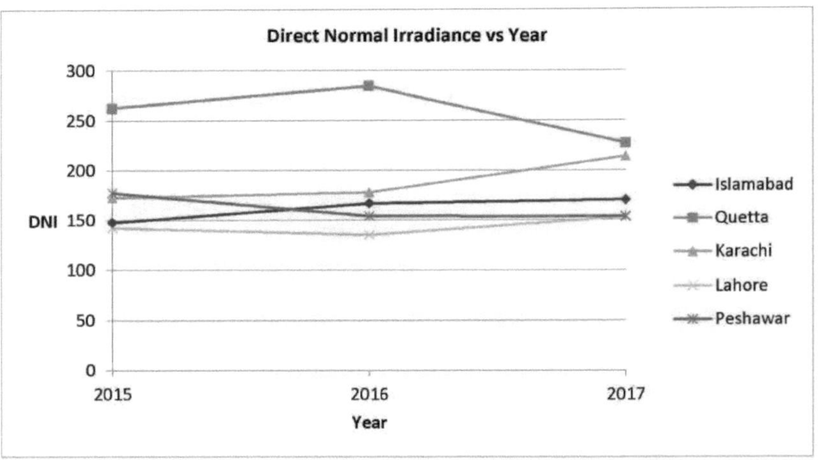

Figura 9 Irradiância normal direta de quatro capitais de província do Paquistão.

A linha laranja indica o DNI médio anual de Quetta, que está acima de todas as outras capitais de província do Paquistão. O DNI médio anual de todas as outras cidades é quase o mesmo, uma vez que todas as outras linhas estão próximas umas das outras. Em 2017, o DNI médio anual de Carachi aumentou e foi comparável ao de Quetta, com apenas uma pequena diferença. A linha amarela que indica o DNI médio anual de Lahore pode ser observada abaixo de todas as outras cidades, uma vez que o DNI médio anual de Lahore é inferior aos valores de todas as cidades.

Quadro 4 Leituras médias mensais da Irradiância Normal Direta para as capitais de província do Paquistão

Direct Normal Irradiance (DNI) Monthly Readings (Kwh/m^2)					
Month	**Islamabad**	**Quetta**	**Karachi**	**Lahore**	**Peshawar**
2015					
January	146.034	260.412	166.816	83.7004	101.546
February	129.965	290.346	208.341	123.068	137.232
March	148.315	288.483	222.462	154.611	125.355
April	181.913	307.913	215.935	174.508	209.022
May	197.193	314.913	229.056	204.586	221.362
June	169.154	291.651	168.597	200.825	247.967
July	132.869	259.746	40.5250	85.407	164.482
August	134.753	273.573	43.8028	103.357	132.138
September	166.167	285.322	185.805	154.976	184.313
October	184.278	282.311	235.007	173.921	172.316
November	136.353	247.060	208.419	118.247	133.089
December	151.886	236.343	227.084	128.779	132.608
2016					
January	113.979	267.650	175.015	56.207	114.010
February	195.089	324.551	232.718	171.563	149.907
March	142.564	180.231	224.325	168.795	113.227
April	217.599	267.045	234.814	223.081	164.220
May	231.722	304.007	197.377	195.764	240.928
June	195.789	287.655	168.032	152.594	213.393
July	151.631	254.616	45.2335	96.4720	164.482
August	184.437	269.335	61.5847	96.1190	171.030
September	147.511	318.664	160.450	141.671	153.940
October	164.995	342.260	207.510	128.337	140.475
November	111.897	309.573	225.305	98.3880	115.067
December	144.843	289.148	202.151	87.1280	106.567
2017					
January	88.8140	194.934	168.268	81.7510	75.1920
February	168.109	208.822	238.947	175.512	162.660
March	178.952	199.659	223.875	148.109	164.330
April	245.179	304.367	223.386	206.072	211.490

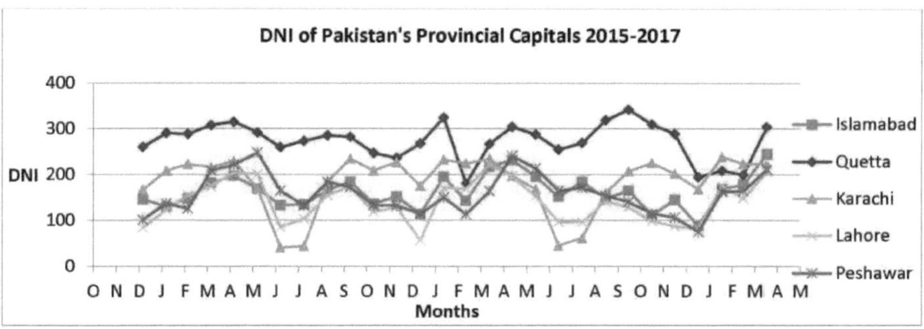

Figura 10 DNI das capitais provinciais do Paquistão e TIC janeiro de 2015 - abril

de 2017

1.6 Irradiância horizontal difusa

As regiões da costa sul do Paquistão e a província de Punjab registam os valores mais elevados de irradiância horizontal difusa. A irradiância difusa indica, de facto, a intensidade da dispersão da irradiância solar por partículas de poeira, aerossóis e partículas de água. Se houver mais nuvens, o fator da irradiância horizontal difusa será maior. A região ocidental do vale de Quetta tem áreas relativamente livres de nuvens, pelo que a irradiância horizontal difusa é muito baixa. As regiões costeiras do país, incluindo o sul de Carachi, estão persistentemente cobertas por nuvens, pelo que apresentam valores elevados de irradiância horizontal difusa ao longo do ano. Nalgumas coordenadas do país, os limiares de valores parecem ter um "aspeto quadrado" no mapa da figura 11. Esta é a consequência da utilização de um modelo de aerossol com uma resolução espacial de 0,5° x 0,5°. Não foi efectuada qualquer suavização para obter resultados cientificamente válidos e transparentes (Solar Modeling Report of Pakistan-2015).

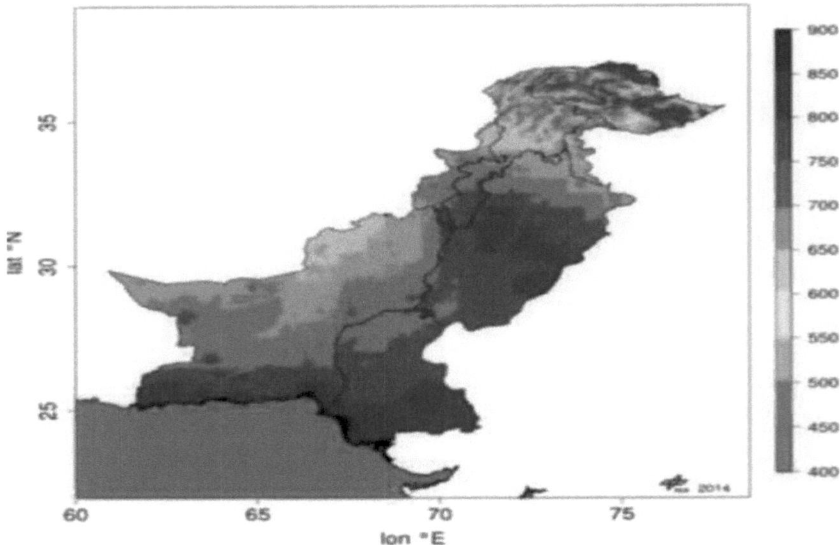

Figura 11 Irradiância horizontal difusa anual (DHI) para o Paquistão em kWh/m²

As frequências do DHI (Figura 12) mostram a distribuição da fração difusa da irradiância. A maioria das células de píxeis apresenta somas médias anuais entre 650 kWh/m^2 e 850 kWh/m^2 , dependendo fortemente da localização de cada píxel. As terras baixas do Paquistão oriental (abaixo de 250 m) têm uma elevada percentagem de irradiância difusa, ao passo que os planaltos a oeste e, em especial, as montanhas a norte têm uma percentagem significativamente mais baixa de irradiância difusa.

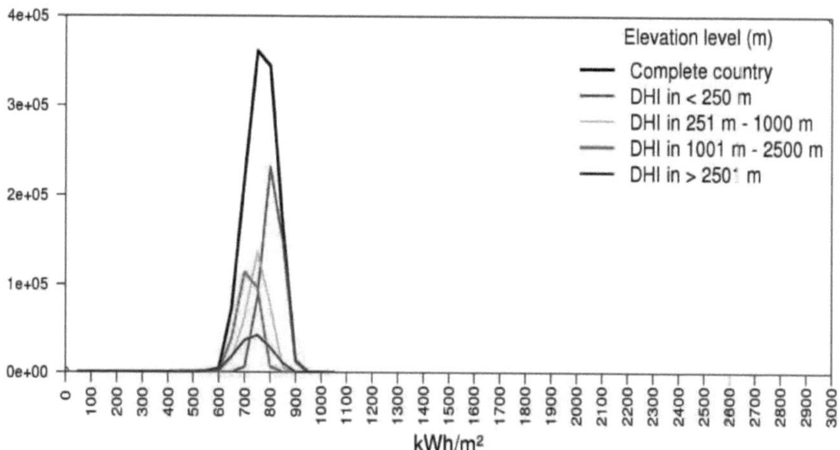

Figura 12 Distribuição de frequências do DHI para todo o Paquistão

1.7 Potencial solar do Paquistão

O potencial solar do Paquistão significa a produção e o desenvolvimento deliberados de eletricidade utilizando a tecnologia solar térmica e fotovoltaica. O Paquistão tem uma média de oito a nove horas de sol por dia, o que indica que o Paquistão tem uma condição climática ideal que permite gerar uma grande quantidade de energia eléctrica a partir da energia solar. De acordo com uma investigação recente efectuada para além de outras oportunidades fotovoltaicas, o Paquistão tem potencial para gerar 2,9 milhões de MW de energia solar. O Paquistão tem centrais solares em Punjab, Sindh, Caxemira e Baluchistão, em grande e pequena escala. A Agência Internacional para as Energias Renováveis (IRA), as empresas chinesas, a Agência de Cooperação Internacional do Japão (JICA) e os sectores privados das empresas paquistanesas tomaram iniciativas para desenvolver este sector no país. A este respeito, o país tenciona construir, no deserto do Cholistão, o maior parque de energia solar do mundo, denominado Qaid-e- Aazam Solar Park (QASP), com uma capacidade de 1 GW. A central solar seria suficiente para fornecer eletricidade a cerca de 320 000 habitações.

1.8 Potencial solar das províncias do Paquistão

O Paquistão tem quatro províncias, ou seja, Balochistão, Sindh, Khyber Pakhtoonkhwa e Punjab. O potencial de energia solar das quatro províncias é discutido nas secções seguintes.

1.6.1 Potencial solar no Baluchistão

O Baluchistão regista uma radiação solar diária média anual de 5,9 a 6,2 KWh por metro quadrado.

Isto indica que as coordenadas do Baluchistão se situam na cintura solar, onde a radiação solar é mais elevada. Este enorme potencial deve ser plenamente explorado para contrariar o atual défice de energia eléctrica na província. O isolamento global médio diário da província é de 19 a 20 milhões de Joules por metro quadrado por dia e a duração do brilho do sol é de 8 a 8,5 horas. As coordenadas do Baluchistão registam radiações globais diárias de até 23 milhões de joules por metro quadrado durante 24 dias consecutivos, o que indica que estes valores são dos mais elevados do mundo. As coordenadas da província apresentam um cenário ideal para enfrentar os desafios do défice de eletricidade utilizando tecnologias fotovoltaicas e solares térmicas adequadas. As tecnologias solares térmicas são mais adequadas para a produção de eletricidade na província.

O Alternative Energy Development Board (AEDB) é um organismo autónomo criado em 2003 que trabalha na província em todos os projectos de energias renováveis em áreas remotas da província, tendo muitos projectos de energias renováveis nos últimos anos. Os programas de eletrificação de aldeias em toda a província sob a supervisão da AEDB não puderam ser totalmente implementados devido a restrições financeiras. A AEDB está mandatada para garantir que 5% da capacidade nacional de produção de eletricidade seja gerada através de tecnologias de energias renováveis até ao ano 2030, uma vez que não há custos de combustível, pelo que a tecnologia solar térmica é uma das melhores opções para aproveitar o potencial solar da província. O Conselho para o Desenvolvimento de Energias Alternativas concluiu o levantamento topográfico das aldeias em toda a província, mas, apesar disso, não tem dinheiro e não pôde proceder à instalação do sistema de energia solar eléctrica nas zonas remotas da província.

1.6.2 Potencial de energia solar no Punjab

A província de Punjab do Paquistão está situada entre 27. 40° a 34,-01° N e 69-20° a 75-20° E de latitude e longitude. A temperatura média da estação estival da província varia entre 40°C e 45°C. A zona sul do Punjab situa-se numa das faixas de maior irradiação solar. As horas de sol na província são, em média, de 6 a 8 horas por dia e a irradiação média diária é de 5 a 7 KWh por metro quadrado e por dia. Numa base diária, estão disponíveis 18 a 25 Mega Joules por metro quadrado de energia nas coordenadas da província.

1.6.3 Potencial de energia solar em Sindh

As coordenadas da província de Sind têm uma irradiação solar abundante. O potencial energético médio diário por metro quadrado e a radiação por ano são de 5,5 a 6 KWh por metro quadrado por dia e de 1800 a 2200, respetivamente. A província de Sindh tem um enorme potencial para gerar 0,320 a 0,400 MWh por metro quadrado por ano. A duração média da luz solar na província é de 8 a 8,5 horas por dia. Este enorme potencial é suficientemente elevado para eletrificar cerca de 40.000 aldeias em toda a província.

1.6.4 Potencial de energia solar em Khyber Pakhtunkhawa

Khyber Pakhtunkhawa (KPK) está localizado na região noroeste do país. Situa-se entre 31°11'41" e 33°47'54 "N e 70°22'04" e 73°10'46" E. O KPK tem zonas de insolação moderada e mínima, uma vez que a parte inferior do KPK se situa numa zona de insolação moderada, recebendo uma insolação de 7,9 horas por dia, e a parte superior do KPK situa-se numa zona de insolação mínima, com uma insolação inferior a 7 horas por dia, devido à elevada altitude. A irradiação solar mínima do KPK é de 4,5 Kwh/m^2 /dia e a máxima é de 5 Kwh/m^2 /dia. As coordenadas do KPK têm uma intensidade de irradiação mínima, pelo que o seu potencial de produção de energia eléctrica é reduzido.

Capítulo 2

POTENCIAL SOLAR DE DIFERENTES COORDENADAS DO PAQUISTÃO

2.1 Introdução

O Paquistão situa-se a leste de 62° a 75° de longitude e a norte de 24° a 37° de latitude. As coordenadas do Paquistão situam-se numa zona do mundo com as maiores radiações solares. Em média, as coordenadas do Paquistão recebem energia solar de 5,5 quilo Watt por metro quadrado por dia. O potencial solar global do mundo é de 30 000 000 Tera Watt-hora por ano. Estima-se que o Paquistão tem potencial para gerar 2,9 milhões de MW a partir da energia solar. A necessidade atual do Paquistão é gerar 2000 MW por ano e colocá-los na rede nacional, o que só é possível se o potencial eólico e solar for devidamente utilizado. O Reino Unido tem menos de metade da população do Paquistão, mas a sua capacidade de produção em 1970 era de 170 000 MW, enquanto a atual capacidade de produção do Paquistão é de cerca de 22 000 MW. As duas províncias do Paquistão, Sindh e Balochistan, têm um imenso potencial solar para gerar grandes quantidades de energia solar. O governo federal do Paquistão deveria autorizar os governos provinciais de Sindh e do Baluchistão a efectuarem uma investigação exaustiva e a estudarem a viabilidade das centrais de energia solar. O governo federal está a planear a instalação de uma unidade de filtragem de água para tornar a água do mar potável através da utilização da energia solar.

Este capítulo tem por objetivo estudar a densidade de potência líquida de irradiação (em Mega joule por metro quadrado por dia e Mega Watt hora por metro quadrado por ano) de diferentes coordenadas do Paquistão. Estuda também a capacidade instalada de centrais solares fotovoltaicas, centrais solares térmicas, mapas solares e as diferentes estações do ano que afectam a irradiação solar em diferentes coordenadas do país.

2.2 Âmbito da energia solar no Paquistão

Recentemente, foi efectuada uma investigação sobre a atmosfera e o potencial energético de 139 países do mundo pelo Instituto de Tecnologia de Massachusetts (MIT), pela Universidade da Califórnia e pela Universidade de Stanford. O plano foi elaborado por um grupo de investigação para concluir que um mundo alimentado por energias renováveis é, de facto, uma possibilidade até 2050. O grupo de investigação analisou e comparou o potencial solar, hidroelétrico e eólico, bem como a futura procura de energia de 139 países do mundo. A equipa de investigação elaborou um mapa global interativo que apresenta o cabaz energético projetado para cada um dos países analisados. O estudo do mapa indica que o Paquistão tem potencial solar para produzir 92% das suas necessidades de eletricidade a partir da energia solar e que o potencial solar é o mais elevado de todos os países do mundo. Concentrado

A tecnologia das centrais solares (CSP) e das centrais solares fotovoltaicas pode produzir uma grande quantidade de eletricidade utilizando o potencial solar do país. O estudo de diferentes coordenadas de potencial solar do Paquistão é digno de nota para o futuro planeamento energético do país, utilizando adequadamente o potencial solar e enfrentando o défice de energia eléctrica no país.

2.3 Potencial energético global

Os oceanos e as massas de terra absorvem a energia da luz solar aproximadamente 3.850.000 Exa joules por ano. As reservas de energia renovável existem em Tera Watts /ano (TW/ano). A irradiação solar na Terra tem um potencial de energia de 174 000 Tera Watt (TW) em média. A área global sem gelo é de aproximadamente 13.000 MH e pode cobrir um potencial de energia de cerca de 86.000 TW. Teoricamente, a potência atingida seria de cerca de 23 000 TW. As massas terrestres totais da Terra recebem uma potência solar global de 23 000 TW e uma energia de cerca de 200 milhões de TWh por ano, tendo em conta as perdas atmosféricas. O potencial energético mundial é de 23 000 TW/ano de energia solar, 25 a 70 TW/ano de energia eólica, 2 a 6 TW/ano de biomassa, 3 a 11 TW/ano de OTEC, 3 a 4 TW/ano de energia hidroelétrica, 0,3 a 2 TW/ano de energia geotérmica, 90 TW/ano de energia das ondas 0,2 a 2 TW/ano de carvão, 240 TW de petróleo, 90 a 300 TW/ano de energia nuclear e 215 TW/ano de gás natural.

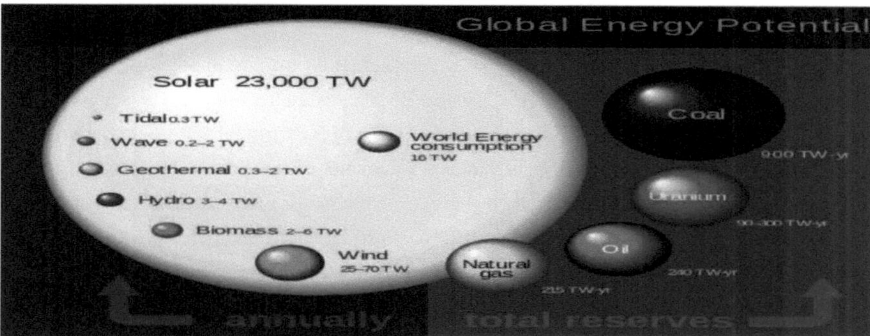

Figura 13 Potencial energético global anualmente.

2.4 Radiação solar média global do Paquistão

O Paquistão tem um potencial de energia solar de 2,9 milhões de MW de energia eléctrica por ano. A média global da radiação solar é de 3,61 kWh/m^2 /dia, enquanto a média global da radiação solar no Paquistão é de 4,45 kWh/m^2 /dia. Isto mostra que o Paquistão tem um enorme potencial de energia solar. Os industriais devem empenhar-se na construção de centrais de energia solar para ultrapassar a crise energética que prevalece no país. A Agência Internacional para as Energias Renováveis (IREA), a China e o sector privado do Paquistão estão a construir centrais de energia solar em Punjab, Baluchistão, Sindh e Caxemira.

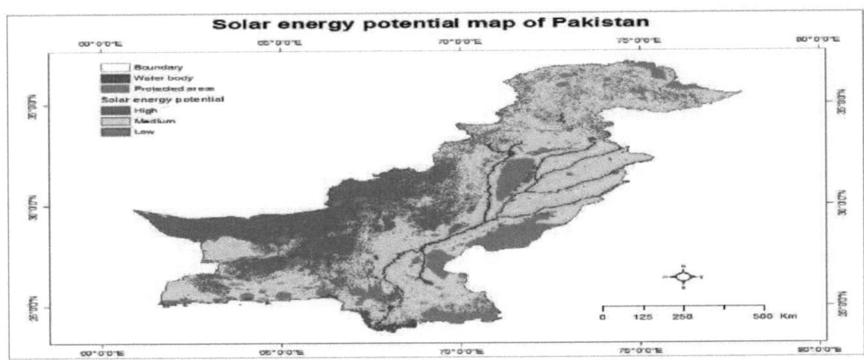

Figura 14 Mapa do potencial de energia solar do Paquistão

2.5 Irradiância solar no Paquistão

As coordenadas do Paquistão recebem um nível substancial de irradiação solar. A intensidade das radiações solares varia de norte a sul. O mapa do Paquistão apresentado a seguir divide as coordenadas do Paquistão em quatro faixas de cores diferentes de irradiância - ocre, laranja escuro, laranja fraco e amarelo: a intensidade das radiações aumenta com a profundidade da cor. O mapa mostra que o sul do Punjab, Sindh e Baluchistão recebem a maior intensidade de radiação solar, ao passo que Azad Kashmir, KPK, FATA e o território da capital Islamabad recebem um baixo nível de intensidade de radiação solar.

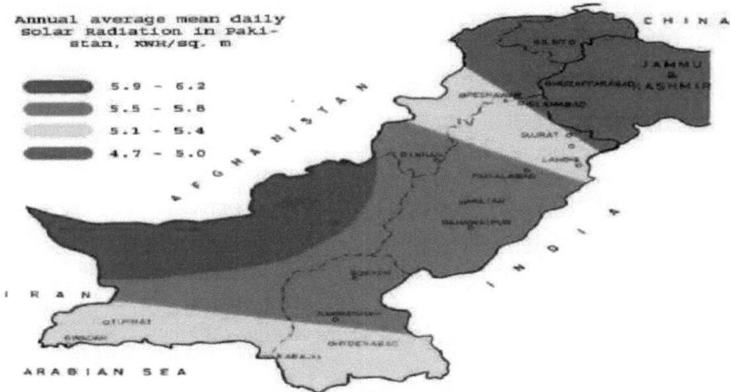

Figura 15 Radiação solar no Paquistão

O Paquistão situa-se numa zona com regiões climáticas sazonais conhecidas como região climática das monções. Os meses nublados da região climática das monções são junho, julho e agosto que afectam a irradiação solar que atinge a superfície da Terra. O Paquistão tem mais de 300 dias claros por ano.

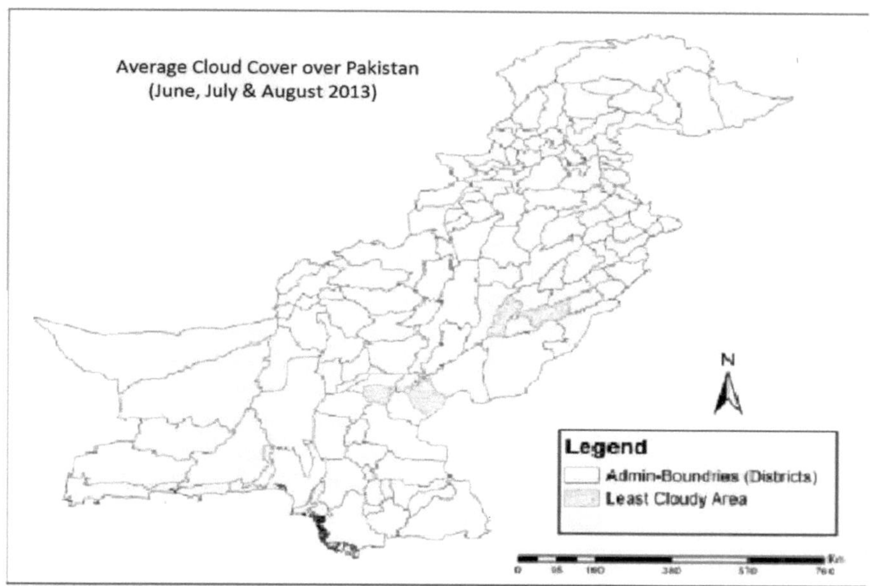

Figura 16 Nuvens médias sobre o Paquistão

As coordenadas do Paquistão registam a mais elevada irradiação solar, adequada para a produção de energia através de sistemas fotovoltaicos (PV) e da tecnologia de energia solar concentrada (CSP). As coordenadas do norte de Sindh e as partes do sudoeste do Baluchistão são as mais adequadas para o aproveitamento da energia solar. Muitas partes do centro do Punjab e as partes meridionais do vale de Quetta recebem o máximo de energia solar.

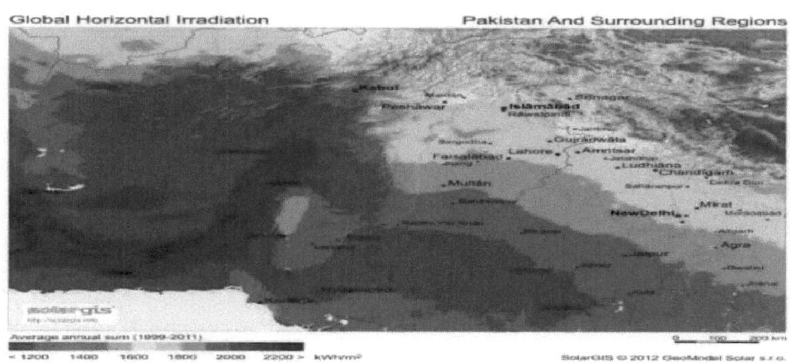

Figura 17 Mapa solar do Paquistão

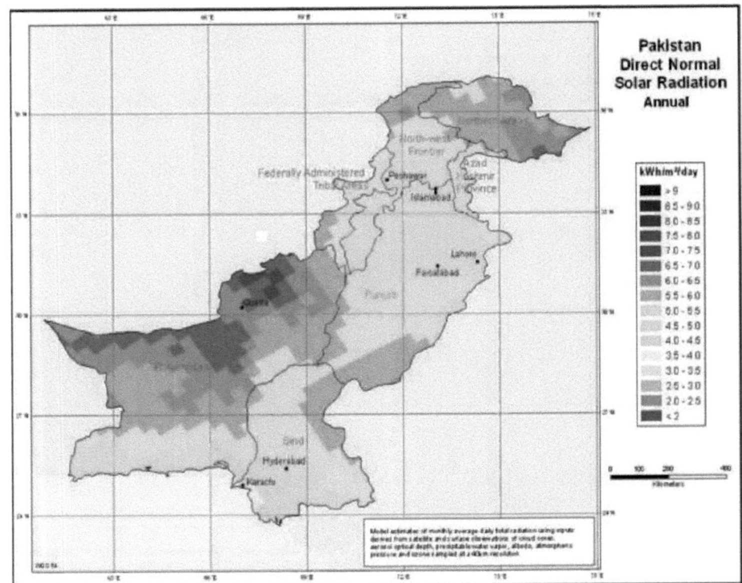

Figura 18 Radiação solar direta normal do Paquistão (anual)

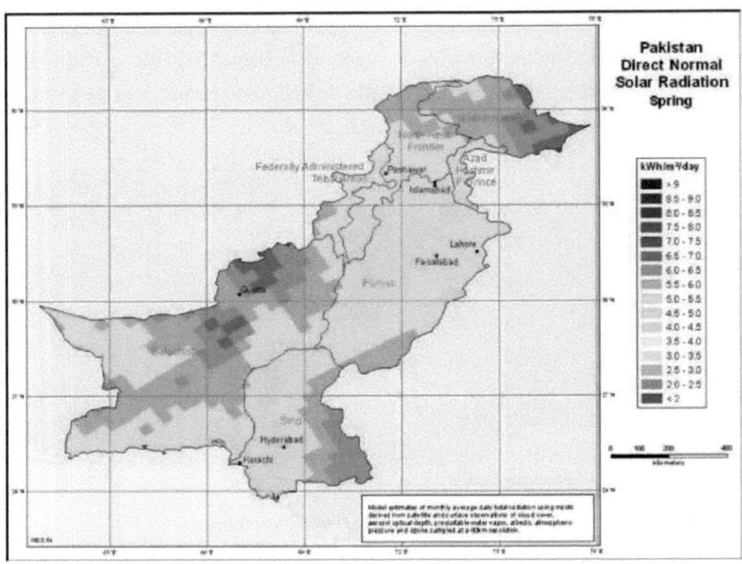

Figura 19 Radiação solar direta normal para a primavera

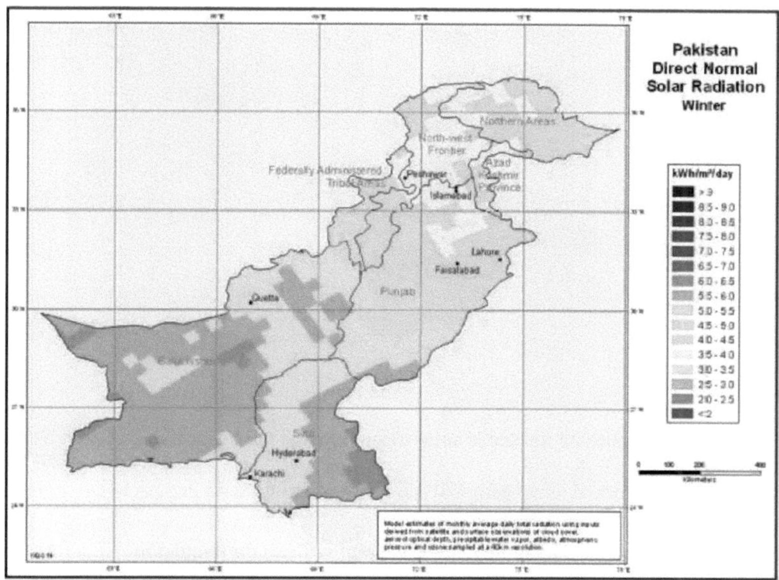

Figura 20 Radiação solar direta normal para o inverno

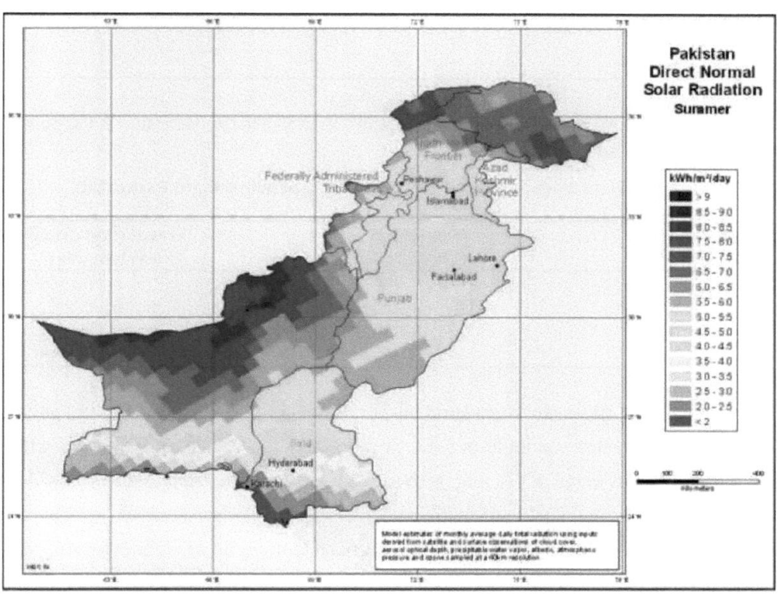

Figura 21 Radiação solar direta normal para o verão

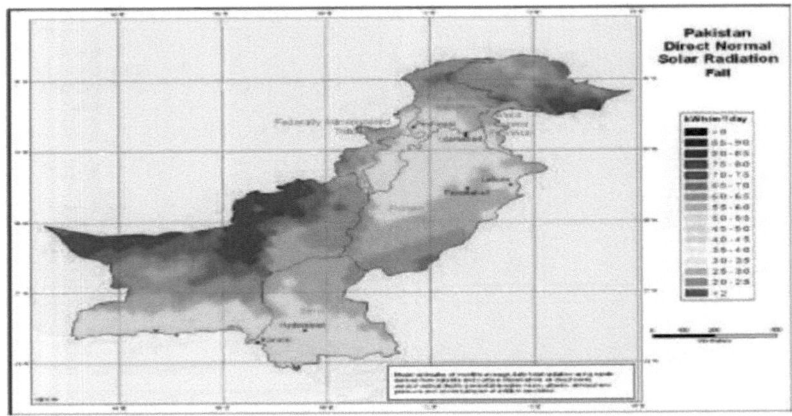

Figura 22 Radiação solar direta normal para o outono

A radiação solar direta normal anual para CSP de quatro províncias do Paquistão é a seguinte na Tabela 5.

Quadro 5 Irradiação de quatro províncias do Paquistão

Province	Irradiation (Min) KWh/m²/day	Irradiation (Max) KWh/m²/day
Balochistan	7.0	7.5
Southern Punjab	6.5	7.0
Northern Sindh	5.0	5.5
KPK	4.5	5.0

A irradiação solar média mensal das capitais das quatro províncias do Paquistão é a seguinte no Quadro 6.

Quadro 6 Irradiação das capitais de quatro províncias do Paquistão

Capital of Province	Irradiation (Min) KWh/m²/day	Irradiation (Max) KWh/m²/day
Lahore	2.80	6.27
Peshawar	2.40	6.35
Karachi	3.39	6.31
Quetta	3.60	7.65

A placa plana anual com título em latitude de muitas partes do Baluchistão tem uma radiação solar entre 7 e 7,5 KWh por metro quadrado por dia. A radiação solar do sul do Punjab, Sindh e Gilgit-Baltistan situa-se entre 6 e 6,5 KWh por metro quadrado por dia. As restantes coordenadas do Paquistão variam entre 5,5 e 6 KWh por metro quadrado por dia. Esta

O enorme potencial mostra que o Paquistão se encontra na Cintura Solar. A energia solar para as comunidades não ligadas à rede nas zonas montanhosas do norte e nas zonas do sul do país é um raio de esperança para eletrificar as zonas remotas. O relatório do Livro da Energia do Paquistão para o ano de 2004-2005 revela que se apenas 0,25% da área da província do Baluchistão utilizasse a tecnologia da energia solar, utilizando dispositivos com uma eficiência de 20% para gerar energia solar, seria suficiente para satisfazer as necessidades de eletricidade do país.

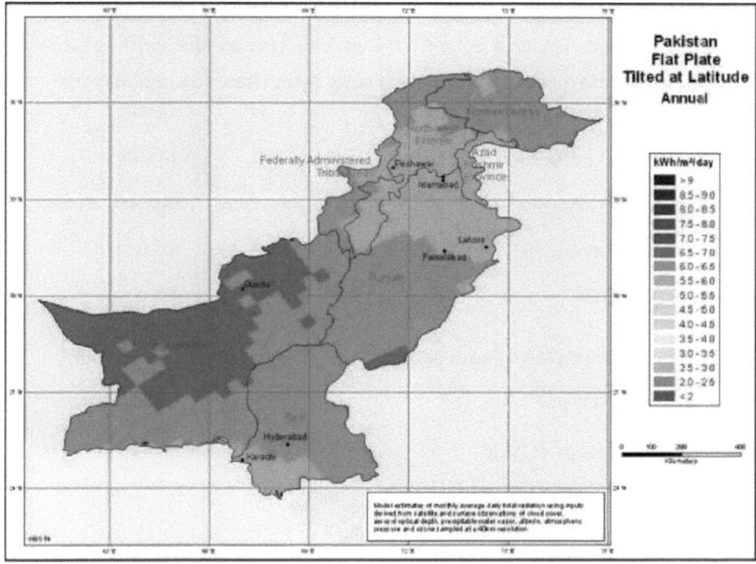

Figura 23 Mapa solar para o Paquistão

Para oferecer uma estrutura de níveis simples, forte e segura, o número de níveis deve ser controlado. Os especialistas acreditam que, de acordo com o perfil de irradiação solar do Paquistão, a estrutura ideal de dois níveis é mostrada na tabela 7.

Quadro 7 Comparação entre a radiação solar nas regiões baixas e a radiação solar nas regiões altas

South Region = high sun regions (Dark orange and ochre bands on the insolation map)	North Region = lower sun regions (Yellow and light orange bands on the insolation map)
• Balochistan • Sindh • Southern Punjab (including Cholistan)	• Northern Punjab • Federally Administered Tribal Areas • Khyber Pakhtunkhwa • Islamabad Capital Territory • Azad Kashmir • Gilgit-Baltistan

2.6 Tarifa inicial para projectos de energia solar fotovoltaica

2.6.1 Petições relativas a tarifas existentes

A Access Solar (Pvt) Limited propôs a sua central de energia solar em Pind Dadan Khan, na província de Punjab, com uma capacidade de 11,52 MW, e apresentou uma petição para a determinação da tarifa solar. A Access Solar (Pvt) Limited fornecerá uma tarifa solar inicial.

Tabela 8 Tarifa inicial para a energia solar fotovoltaica na região Norte

Installed Capacity (MWp)	10.000
Minimum Annual Energy (GWh)	14.699
CPI (General)	191.210
US CPI (All Urban Consumers)	233.069
Exchange Rate (Rs. /US$)	105.000

Tabela 9 Tarifa inicial para energia solar fotovoltaica na região Sul

Installed Capacity (MWp)	10.000
Minimum Annual Energy (GWh)	15.330
CPI (General)	191.210
US CPI (All Urban Consumers)	233.069
Exchange Rate (Rs./US$)	105.000

2.7 Capacidade instalada na rede

A 29th de maio de 2012, em Islamabad, o Paquistão inaugurou a primeira central de energia solar da rede. Este primeiro projeto de central solar no Paquistão foi concedido ao abrigo do "projeto cool earth" pela agência de cooperação internacional japonesa (JICA), intitulado "Introdução de energia fria através de um sistema de produção de eletricidade solar". Este projeto consistiu na instalação de 178,08 kW de sistema fotovoltaico para a Comissão de Planeamento do Paquistão (P Block) e o Conselho de Engenharia do Paquistão (PEC). No âmbito deste projeto, os beneficiários foram autorizados a vender a eletricidade suplementar à empresa de distribuição da divisão de Islamabad, a Islamabad Electricity Supply Company (IESCO), utilizando a medição líquida. Foram concedidos cerca de 480 milhões de yuanes e 553,63 milhões de rupias paquistanesas para apoiar o projeto. O projeto foi iniciado em 2010 e levou três anos a ser concluído. Campus do canal da Beacon House em Lahore, primeiro sistema solar fotovoltaico instalado solar fotovoltaico padrão integrado capaz de ligação à rede com uma capacidade de 10 kW. Foi um projeto-piloto concebido por consultores norte-americanos para a BSS com base na viabilidade da agência de comércio e desenvolvimento (USTAD). O parque solar Qaid-e-Azam, a maior central de energia solar do Paquistão, tem capacidade para produzir 1000 MW. Atualmente, o parque solar fornece cerca de 400 MW à rede nacional.

2.8 Desenvolvimento de sistemas solares ligados à rede

Quadro 10 Lista das LOI emitidas para uma capacidade consolidada de 792,99 MW.

S.No	Company	Capacity (MW)	Province
1	First Solar	2	Punjab
2	DACC Associates	50	Punjab
3	Access Solar (Pvt) Ltd	10	Punjab
4	Associated Technologies Pvt Ltd	30	Punjab
5	Bukhsh Energy Pvt Ltd	10	Punjab
6	Avelar Energy Group	50	Punjab
7	Wah Industries Ltd	5	Punjab
8	Solargen Pvt Ltd	50	Punjab
9	Hecate Energy	50	Punjab
10	Hecate Energy	150	Punjab
11	Trans Tech Pakistan	50	Punjab
12	Sunlux Energy Innovations	5	Punjab
13	Sapphire Solar Pvt Ltd	10	Sindh
14	Realforce Ruba Pakistan Power Pvt Ltd	20	Punjab
15	Global Strategies (Pvt) Ltd	10	Punjab
16	Forte Pakistan	0.99	Punjab
17	Integrated Power Solution (Pvt) Ltd	50	Sindh
18	Jafri & Associates	50	Sindh
19	solar Blue Pvt Ltd	10	Sindh
20	Zaheer Khan & Brothers	10	Punjab
21	Dawood Group Ltd	10	Sindh
22	Table Rock Associate	100	Punjab
23	Safe Solar Power Pvt Ltd	10	Punjab
24	Techaccess FZ LLC II	10	Punjab
	Total	**792.99**	

2.9 Estações de energia solar no Paquistão

As diferentes centrais eléctricas na comunidade do Paquistão, com as suas capacidades, localização e situação, são apresentadas no quadro 11.

Quadro 11 Estações de energia solar no Paquistão

Station Community	Location	Capacity(MW)	Status
Enertech	Quetta, Balochistan	100	Under construction.
AJ Power Pvt Ltd	Sahiwal, Punjab	12	Under construction. To be operational by March 2018.
Safe Solar Power Pvt Ltd	Punjab	10	Under construction. To be operational by March 2018.
Blue Star Hydel Pvt Ltd	Punjab	1	Under construction. To be operational by March 2018.
Acess Solar Pvt Ltd	Punjab	11.5	Under construction. To be operational by March 2018.
Safe Solar Power Pvt Ltd	Punjab	10	Under construction. To be operational by March 2018.
Access Electric Pvt Ltd	Punjab	10	Under construction. To be operational by March 2018.
Bukhsh Solar Pvt Ltd	Lodhran, Punjab	10	Under construction. To be operational by March 2018.
Scatec Solar	Sukkur, Sindh	50	Under construction. To be operational by Dec 2018.
Scatec Solar	Taluka Saleh Pat,Sindh	50	Under construction. To be operational by Dec 2018.
Scatec Solar	Goth Gagrawara,Sindh	50	Under construction. To be operational by Dec 2018.
Oursons Pakistan Ltd	Gharo, Sindh	50	Under construction. To be operational by 2018.
SECMC	Thar, Sindh	5	Under construction. To be operational by 2018.
POF Sanjwal Factory	Islamabad, Pakistan	5	Operational since Mar 2017.
Pakistan Parliament	Islamabad, Pakistan	1	Operational since Feb 2016.
Quaid-e-Azam Solar Park	Bahawalpur, Punjab	400	Operational since Dec 2016.
Fatima Jinnah Park	Islamabad, Pakistan	1	Operational since Dec 2016.
Canadian Commercial Co	KPK	1000	MOU issued.
ET Solar Psvt Ltd	Sindh	25	LOI issued. To be operational by 2019.
Asia Petroleum Ltd	Sindh	30	LOI issued. To be operational by 2019.
Janpur Energy Limited	Punjab	12	LOI issued. To be operational by 2019.
R.E Solar-II Pvt Ltd	Punjab	20	LOI issued. To be operational by 2019.
R.E Solar-I Pvt Ltd	Punjab	20	LOI issued. To be operational by 2019.
ET Solar Pvt Ltd	Punjab	50	LOI issued. To be operational by 2019.
Siddiqsons Energy Karachi	Punjab	50	LOI issued. To be operational by 2019.
ACT Solar (Pvt) Ltd	Punjab	50	LOI issued. To be operational by 2019.
Forshine	Punjab	50	LOI issued. To be operational by 2019.
Solar Blue Pvt Ltd	Punjab	50	LOI issued. To be operational by 2019.
Jafri and Associates	Punjab	50	LOI issued. To be operational by 2019
Integrated Power Solution	Punjab	50	LOI issued. To be operational by 2019.
Zhenfa Pakistan New Energy	Rakh Chaubara, Punjab	100	LOI issued.
Kulachi Solar Power Pvt Ltd	Kulachi, KPK	50	LOI issued.
HNDS Energy Pvt Ltd	Sindh	50	LOI issued.
Meridian Energy Pvt Ltd	Sindh	50	LOI issued.
Helios Power Pvt Ltd	Sindh	50	LOI issued.
Conergy Solar Project	Bahawalpur, Punjab	50	LOI issued.
Harappa Solar Pvt Ltd	Sahiwal, Punjab	18	LOI issued.
DACC LLC Solar	Sindh	50	LOI issued.
Wah Industries Limited Solar	Taxila, Punjab	1	LOI issued.
Solar Energy Pakistan Ltd	Thatta, Sindh	35	LOI issued.
Roshan Power Solar	Kasur, Punjab	10	LOI issued.
CWE Solar	Bahawalpur, Punjab	50	LOI issued.
First Solar	Punjab	2	LOI issued. To be operational by 2019.

2.10 O maior parque solar do Paquistão

O Parque Solar Qaid-e-Azam, situado no deserto de Cholistan, no distrito de Bahawalpur, na província de Punjab, é o primeiro parque de energia solar em grande escala do Paquistão (Parque Solar Qaid-e-Azam), inaugurado para produzir energia solar de 1000 MW.

Quadro 12 Dados relativos ao parque solar Quaid-e-Azam

Particulars of Quaid-e-Azam Solar Park	
General capacity	1,000 MW
Capacity of 1st Phase	100 MW
Completion date of the 1st Phase	December, 2014
Capacity of Phase II	300 MW
Capacity of the project of Phase III	600 MW
Final Capacity	1000 MW
Accomplishment date of final phase	December, 2016
Dedicated Area	6500 Acres
Boundary Wall	9 km
Solar energy of final phase per year	2,000 kWh per square meter
The estimated cost	US 1.5 billion dollars
Life span	25 years

Tabela 13 Lista de projectos fotovoltaicos no Paquistão

Projects	Capacity	Status	Province
Grid connected PV-PEC	178kW	completed	Islamabad
Grid connected PV-PC	178kW	completed	Islamabad
Quaid e Azam Solar Park	300MW	In process	Punjab
Faisalabad Motorway Project	150MW	MoU signed	Punjab
Tehsil Zahri dist. Khuzdar	10kW	completed	Balochistan
Tehsil Jaffar Abad	7.9kW	completed	Balochistan
Rural Electrification, Tehsil Surab	59.5kW	In process	Balochistan
Rural Electrification, Tehsil Khuzdar	34.3kW	In process	Balochistan
Rural Electrification, Tehsil Kalat	41.1kW	In process	Balochistan
Hospital Electrification dist. Mustung	14.5kW	In process	Balochistan
Solar power project Khuchlak dist. Quetta	300MW	MoU signed	Balochistan

Atualmente, o Paquistão tem uma capacidade de produção de energia de cerca de 22 000 MW, mas ainda precisa de produzir mais energia para satisfazer a procura necessária. No âmbito do Corredor Económico China-Paquistão (CPEC), o Paquistão instalou projectos de energia para acrescentar cerca de 10 400 MW de energia à rede nacional até março de 2018.

Capítulo 3

O FUTURO DA ENERGIA SOLAR NO PAQUISTÃO

3.1 Potencial de energia solar do Paquistão, saída para a crise energética

O défice do país continua a ser um enorme obstáculo ao crescimento industrial. As empresas de produção do país ainda estão atrasadas na produção da energia necessária para superar o fosso entre a procura e a oferta de energia eléctrica. Na época de verão, a diferença entre a procura e a oferta oscila entre 5000MW e 7000MW, o que resulta em cortes de energia extensos de 7 a 10 horas por dia. As temperaturas atingem 47 e 50 graus Celsius em muitas partes de Sindh e do sul de Punjab, o que faz aumentar a procura de eletricidade, aumentando o fosso entre a procura e a oferta. As tecnologias solares concentradas (CSP) são uma das melhores opções para utilizar esta grande quantidade de energia solar, convertendo-a em energia eléctrica útil para reduzir o fosso entre a procura e a oferta. A energia solar tornou-se uma das fontes de energia renováveis vitais nos últimos tempos. As investigações para melhorar a eficiência das células solares reduziram o custo dos painéis solares. Em todo o mundo, em 2017, foram financiados mais de 92 mil milhões de dólares para a energia solar à escala dos serviços públicos e 334 mil milhões de dólares para utilização em telhados e fora da rede. O Paquistão está a produzir a sua eletricidade utilizando fontes de água e gás. Está a perder uma grande oportunidade, pois o Paquistão tem um enorme potencial para produzir eletricidade a partir da energia solar. Se a energia solar for utilizada como fonte de produção de eletricidade, a perda de carga desaparecerá facilmente.

Figura 24 Uma visão geral do QASP

3.2 Produção contemporânea de energia solar no Paquistão

Os projectos solares são geralmente adoptados em pequena escala devido ao facto de o seu investimento inicial ser muito elevado. O Paquistão utilizou o projeto de energia solar através do lançamento de um parque solar de 1000MW. A produção atual de energia do parque solar é de cerca de 400MW e está sincronizada com a rede nacional. Existem muitas centrais de energia solar de pequena escala no país, mas a sua capacidade de produção não é suficiente para ser ligada à rede nacional.

3.3 Potencial de energia solar no Paquistão de acordo com o relatório do Word Bank

A energia solar pode ser utilizada em qualquer parte do mundo, mas o Paquistão tem a maior irradiação solar, o que o torna um local adequado para projectos de energia solar. De acordo com o relatório do Banco Mundial sobre a irradiância horizontal global, o Balochistão e o Sindh central têm um GHI médio de 2300 kWh/m^2 . Cerca de 90% da área terrestre do Paquistão recebe 1500 kWh/m^2 de irradiância e quase 75% da área terrestre tem um GHI anual superior a 2000 kWh/m2. De acordo com o relatório, o valor mais elevado de DNI é superior a 2700 kWh/m2 no norte do Baluchistão e mais de 83% da área tem mais de 2000 kWh/m2. O clima do Paquistão é altamente adequado para a produção de energia solar, uma vez que a maior parte da área terrestre não é afetada pela poluição atmosférica e pelo teor de aerossóis. Os dias de nebulosidade nas coordenadas do Paquistão são muito reduzidos.

3.4 Custo da energia solar

O custo das centrais de energia solar de 100 MW ou menos no Paquistão situa-se entre 10 e 12 cêntimos/kWh, de acordo com a lista da NEPRA. Esta taxa é igual à da eletricidade produzida a partir de combustíveis fósseis. Uma empresa no Dubai instalou uma central de energia solar de 800 MW e está a vender eletricidade por apenas 3 cêntimos/kWh, o que é inferior a qualquer central eléctrica alimentada por combustíveis fósseis. Alguns países como a China e os EUA estão a produzir energia solar por 2,9 cêntimos/kWh. O custo da utilização conjunta do vento, da água e da energia solar é ainda inferior ao custo dos actuais métodos de produção de energia, embora os moinhos de vento sejam um pouco caros. Prevê-se que o custo da utilização conjunta de energia eólica, hídrica e solar (WWS) venha a diminuir nos próximos anos. As tarifas no Paquistão ainda são 3 a 4 vezes mais elevadas do que os custos relevantes noutros países (0,03 dólares por kWh). A principal dificuldade enfrentada pelas empresas de energia solar é investir no Paquistão devido ao elevado risco do mercado. Esta dificuldade pode ser ultrapassada se o governo der apoio e proporcionar um ambiente sem riscos aos investidores. A procura de energia do Paquistão pode ser facilmente satisfeita num futuro próximo devido à sua elevada irradiação solar e à descida contínua das taxas de painéis solares eficientes no mercado. A combinação da utilização de energia solar, eólica, hídrica e nuclear pode reduzir o custo da eletricidade em 70 a 80%. Isto limitará a utilização das centrais eléctricas convencionais, que poluem o ambiente, põem em risco a vida de milhares de pessoas e prejudicam a saúde das gerações futuras, para além de afectarem a economia do Paquistão. Esta é uma das principais razões pelas quais o mundo inteiro está a optar pela energia solar como solução. O Paquistão pode fazer o mesmo e, ao fazê-lo, beneficiará a população e elevará a sua economia.

3.5 O Paquistão pode atingir o potencial máximo de energia solar a nível mundial até 2050

Recentemente, o Instituto de Tecnologia de Massachusetts (MIT), a Universidade da Califórnia e a Universidade de Stanford realizaram uma investigação sobre a atmosfera e a energia de 139 países do mundo, tendo o grupo de investigação concluído que um mundo alimentado por energias renováveis é, de facto, uma possibilidade até 2050. O grupo de investigação analisou e comparou o potencial solar, hidroelétrico e eólico, bem como a futura procura de energia de 139 países do mundo. A equipa de investigação elaborou um mapa global interativo que apresenta o cabaz energético projetado para cada um dos países analisados. O estudo cartográfico do relatório indica que o Paquistão tem um potencial solar de produção de 92% das suas necessidades de eletricidade a partir da energia solar e um potencial solar tão elevado que é o mais elevado do mundo. Tanto as centrais solares concentradas (CSP) como as centrais solares fotovoltaicas podem produzir esta grande quantidade de eletricidade. O estudo das diferentes coordenadas do potencial solar do Paquistão tem valor para o futuro planeamento energético do país, a fim de utilizar corretamente o potencial solar e colmatar a falta de energia eléctrica no país.

Figura 25 Uma visão geral do QASP

Há boas notícias se tivermos em conta os estudos de Stanford e do MIT sobre as energias renováveis. Infelizmente, algumas pessoas continuam a pensar que a produção de energia solar é demasiado exorbitante para o Paquistão. "As pessoas que estão a tentar impedir esta mudança argumentam que é demasiado cara" ou que não há energia suficiente, ou tentam dizer que não é fiável, que vai ocupar demasiada área ou recursos. O que isto mostra é que todas estas afirmações são míticas". - Mark Z. Jacobson, diretor do Programa Atmosfera/Energia.

3.6 Como é que o Paquistão se posiciona em relação ao seu futuro potencial de energias renováveis?

A equipa de investigação elaborou um mapa global que mostra o cabaz energético previsto para cada 139 países. Este mapa mostra que o Paquistão tem um enorme potencial de energias renováveis. O povo paquistanês pode tirar muito proveito disso se o país seguir os planos. O estudo mostra que o Paquistão pode potencialmente produzir 92% da sua procura de eletricidade através da energia solar. 15% da procura de eletricidade pode ser produzida por centrais solares concentradas, enquanto 58,1% pode ser produzida utilizando painéis solares. O Paquistão também tem potencial para produzir 4,8% de eletricidade através da energia eólica e 2,9% através da energia hidroelétrica.

3.7 Vantagens para o Paquistão

O estudo mostra que, se este plano for seguido corretamente, produzirá a longo prazo 291 110 postos de trabalho no sector da construção e 239 989 postos de trabalho no sector da exploração. 21% do PIB total, ou seja, 916,2 mil milhões de dólares, serão reduzidos, uma vez que a saúde das pessoas melhorará com a utilização da tecnologia solar. A poupança de custos climáticos de um ano pagará todo o plano e reduzirá a poluição atmosférica em 14 vezes. O custo da eletricidade será reduzido em um terço do que seria se a eletricidade fosse produzida de acordo com as estimativas actuais. A poupança por pessoa através da energia e da saúde será de 3469 dólares. As conclusões deste estudo são uma imensa fonte de esperança para salvar o ambiente e tornar o país autossuficiente na produção de energia para satisfazer as necessidades actuais de energia para o seu crescimento industrial.

3.8 Perspectivas da energia solar no Paquistão

Figura 26

A eletrificação do Paquistão tornou-se uma necessidade para a revitalização económica do país. O consumo de energia do Paquistão quase triplicou, mas apesar disso o consumo do país continua a representar 0,5% do consumo mundial total. O fornecimento per capita de eletricidade no Paquistão é de apenas 443 kWh por ano, enquanto nos EUA é de 12500 kWh e no Japão de 7500 kWh. As centrais térmicas representam 68% do total da eletricidade produzida no Paquistão, enquanto 30% é produzida por energia hidroelétrica e 2% por energia nuclear e outros recursos. Mesmo dispondo de uma grande quantidade de água, carvão e gás, o país está a optar pela importação de petróleo para a produção de eletricidade, que custa 80 milhões de rupias por ano. Devido ao elevado custo do petróleo no mercado aberto mundial e a outras questões ambientais, a produção de eletricidade a partir de fontes de energia renováveis é uma opção atraente. Toda a energia das fontes de carvão e gás do mundo é apenas igual a 20 dias de sol. Apesar do seu enorme potencial, a energia solar representa apenas 1% da energia mundial. As centrais e os projectos de energia solar devem ser implantados em zonas remotas para alterar o estilo e o nível de vida das pessoas com baixos rendimentos que residem em zonas remotas. As principais limitações à produção em massa de energia solar são a baixa eficiência e o conhecimento básico dos painéis. Estas limitações restringiram a utilização de painéis solares. As experiências anteriores que falharam deveram-se a conhecimentos limitados e à falta de compreensão e manuseamento dos painéis solares, pelo que a sua contribuição para o cabaz energético total do Paquistão é negligenciável. Recentemente, o governo apercebeu-se de que a tecnologia solar é necessária para um ambiente limpo e para a elevação socioeconómica da população que reside em zonas distantes do país. As fontes convencionais de energia, como o estrume dos animais, a madeira para o fogo e os resíduos da cana-de-açúcar triturada, representam mais de 50% do consumo de energia nas zonas rurais. Não há dúvida de que a eletricidade solar melhorará o nível de vida das populações rurais. Além disso, a utilização da energia solar nas zonas rurais também reduziria a dependência da madeira para o fogo. Zonas como o Baluchistão e Thar, em Sindh, são ideais para a utilização da energia solar. Cerca de 80% da população do Baluchistão vive em aldeias, a densidade populacional é muito baixa e estas zonas rurais estão separadas por longas distâncias sem qualquer comunicação rodoviária.

Apenas cerca de 15% das aldeias têm eletricidade, enquanto 85% ainda aguardam a eletrificação. 100 watts de energia seriam suficientes para cada casa em aldeias distantes. Para uma necessidade de energia tão reduzida, a extensão das linhas de transmissão da rede nacional seria antieconómica para uma população tão dispersa na província. A melhor solução seria a produção local de eletricidade. Fornecer soluções solares fora da rede a estes 85% da população que não têm acesso à eletricidade aumentará a geração de rendimentos, diminuirá os riscos para a saúde, permitindo que as clínicas de saúde funcionem no escuro para o controlo dos pacientes, tratamentos e para os estudantes que estudam à noite. Estas zonas economicamente desfavorecidas ligar-se-ão aos mercados nacionais se lhes for fornecida eletricidade solar fora da rede. A província do Baluchistão tem um enorme potencial para a produção de energia solar e regista a maior duração média anual de sol do mundo. O governo do Paquistão criou o Ministério da Ciência e Tecnologia, que monitoriza e estabelece tecnologias respeitadoras do ambiente. Há vinte anos, criou institutos de I&D, como o Instituto Nacional de Tecnologia do Silício (NIST), o Conselho Paquistanês de Tecnologia Apropriada (PCAT), o Centro de Investigação em Energia Solar (SERC) e o Conselho Paquistanês de Investigação Científica e Industrial (PCSIR). Depois de terem despendido muito dinheiro, estes institutos não conseguiram fazer progressos e só conseguiram desenvolver aquecedores solares de água, fogões solares e outros aparelhos do género para fins de demonstração. A razão para tal foi a falta de know-how e de capacidades técnicas. O objetivo de utilizar a energia solar no Paquistão não foi alcançado porque os defensores da energia solar não tiveram em conta os constrangimentos tecnológicos de um país em desenvolvimento como o Paquistão e os inconvenientes da energia solar. Para além dos problemas de custo e armazenamento da energia solar, outras questões incluem a falta de profissionais bem formados para a conceção e instalação do sistema de energia solar. Estes defensores da energia solar não se aperceberam do facto de que as pessoas que vivem nas zonas rurais do Paquistão são analfabetas e, quando os profissionais não compreendem esta tecnologia, como podem esperar que estas pessoas operem um sistema solar. Outra razão para a baixa eficiência dos painéis solares é a atmosfera poeirenta do Paquistão. Esta bloqueia a luz e reduz a irradiação, tornando o painel solar ineficaz. Em zonas como Thar e Baluchistão, as tempestades de poeira são frequentes devido à natureza seca e árida. Uma fina camada de poeira deposita-se nos painéis solares, bloqueando a luz e diminuindo certamente a quantidade de luz que chega ao painel, tornando-o assim menos eficiente.

3.8.1 Projeto solar no telhado

Figura 27 Instalação de um painel fotovoltaico no telhado

O Governo do Paquistão está a estudar a possibilidade de recorrer ao financiamento do Banco Mundial, que financia projectos de energias renováveis a partir do seu fundo verde. Estes projectos estão planeados para serem implantados em zonas longínquas do Paquistão. As zonas distantes da província do Baluchistão são um local adequado para as centrais solares propostas com uma capacidade de 50 a 100 MW. Como a população do Baluchistão está dispersa, é mais razoável propor projectos de 1 a 2 MW para pequenas centrais de energia solar. A instalação de painéis solares nos edifícios das grandes cidades poderia gerar uma quantidade suficiente de energia solar. As centrais solares são mais úteis como projectos autónomos que satisfazem as necessidades eléctricas de uma zona específica. Devido ao aumento das perdas de carga e à crescente diferença entre a oferta e a procura de eletricidade, bem como aos atrasos inesperados noutros projectos, o governo está a considerar a possibilidade de avançar com mais projectos solares, tendo para o efeito contratado um grupo de peritos internacionais. Anteriormente, o governo estava decidido a construir centrais eléctricas a carvão muito dispendiosas, mesmo com a disponibilidade de energia solar barata no país. A incapacidade de satisfazer o défice de eletricidade obrigou o governo a procurar outras opções. Os esforços do Banco Mundial, através de financiamento e sugestões, ajudaram a trazer a energia verde para o Paquistão. Para este efeito, o governo está a planear a construção de projectos de energia solar em zonas longínquas do Paquistão. O Ministério da Água e da Energia está a recorrer a peritos estrangeiros para identificar locais para os projectos e para desenvolver um roteiro, tendo em conta a estabilidade da rede e a necessidade de modernização no futuro. O financiamento do Banco Mundial estará disponível depois de o governo ter selecionado o local para os projectos solares. Os peritos são de opinião que as zonas longínquas da província do Baluchistão são locais adequados para os parques solares com capacidades de 50 a 100 MW. As zonas onde a população está dispersa são locais adequados para centrais com uma capacidade de 1 a 2 MW. A utilização de energias renováveis permite produzir uma grande quantidade de energia. Isto pode ser conseguido através da colocação de painéis solares nos telhados dos edifícios da cidade, o que permite poupar muita área e produzir muita energia. Atualmente, o fraco cabaz energético e a dívida estão a afetar a cadeia de abastecimento, uma vez que se espera que a procura do país seja superior a 33MW até 2018. O governo tem-se concentrado em fornecer energia limpa a preços mais baratos para o público. De 2005 a 2010, a capacidade instalada das células fotovoltaicas cresceu de 5GW para 227GW, uma vez que o mundo está agora a avançar para uma energia mais limpa. Por conseguinte, com os avanços e a investigação no domínio dos painéis solares, o preço baixou de 76 dólares/watt em 1977 para 0,03 dólares/watt atualmente. As células solares são afectadas por factores ambientais como a temperatura, o vento, as partículas de poeira, a humidade e a poluição. A produção dos painéis solares depende da irradiância, enquanto a temperatura tem efeitos adversos na produção do painel solar fotovoltaico. A seleção do local, especialmente para parques solares de grande escala, é muito crítica; em caso de lacunas, a viabilidade do projeto será gravemente afetada. O Dubai, por exemplo, está a desenvolver um projeto de 800MW a uma taxa inferior a 3 cêntimos/kWh. O Paquistão está a progredir muito lentamente na utilização do seu enorme potencial de energia solar, enquanto outros países estão a capitalizar este recurso, uma vez que contribui para as paisagens ambientais. Mesmo alguns dos países do sul da Ásia, como a Índia e o Bangladesh, registaram um desenvolvimento notável no domínio das energias renováveis. Para além das políticas adoptadas em matéria de energias renováveis e da isenção de impostos sobre os painéis solares fotovoltaicos e outros equipamentos, o governo tomou iniciativas como o parque solar Quaid-e-Azam em

Bahawalpur. De acordo com os mapas recentemente fornecidos pelo Banco Mundial, o Paquistão tem um enorme potencial para a energia solar, não só para a produção de energia solar fotovoltaica, mas também para o aquecimento solar de água e a produção de energia eléctrica térmica solar. A energia solar é, de facto, uma alternativa excecional, tendo em conta a atual situação de corte de carga e os preços do petróleo e do gás. No entanto, são necessárias políticas de apoio à energia solar, novas ideias de negócio e parcerias de financiadores locais e estrangeiros. Devido à investigação e aos avanços, estão a ser desenvolvidas células solares novas e mais eficientes. Uma grande parte da população não tem acesso à eletricidade da rede nacional; a energia solar é uma opção melhor para essa população, uma vez que se pode optar por projectos de pequena e média escala. Os dois maiores problemas com que o mundo se confronta atualmente são as alterações climáticas e a crise energética. Os países desenvolvidos, que dispõem de recursos abundantes, estão a tentar encontrar uma solução sustentável. Em 2015, realizou-se em Paris a conferência das Nações Unidas sobre as alterações climáticas, cujo principal objetivo era chamar a atenção do mundo para os perigos das alterações climáticas. Cientistas de todo o mundo reuniram-se para encontrar uma solução e propor as suas ideias. Um passo concreto foi dado pela Tesla Inc., que lançou o seu projeto de telhas solares. Trata-se de uma telha de vidro implantada com células solares que produzirá eletricidade para uma casa e funcionará também como telha.

3.9 Parque de energia solar Quaid-e-Azam (QASP)

O Parque de Energia Solar Quaid-e-Azam (QASP) é o maior parque solar do Paquistão, situado no deserto de Cholistan, na província de Punjab, com o nome do pai fundador do país, Quaid-e-Azam Mohammad Ali Jinnah. Cerca de 400 000 painéis solares estão espalhados por 200 hectares para produzir eletricidade. A empresa chinesa Xinjiang SunOasis construiu um parque solar de células fotovoltaicas (PV) de 100 MW em três meses para produzir eletricidade e adicionou-a à rede nacional do Paquistão. O Parque de Energia Solar Quaid-e-Azam (QASP) é o primeiro projeto de energias renováveis no âmbito do Corredor Económico China-Paquistão (CPEC). O local do QASP poderá ter uma capacidade de 5,2 milhões de células fotovoltaicas, produzindo até 1 000 MW de eletricidade.

A energia gerada pelo QASP seria suficiente para abastecer cerca de 320 000 agregados familiares na região. A empresa chinesa Zonergy liderou a construção da próxima fase do QASP. Há alguns anos, o local da QASP não era mais do que um deserto, mas agora o deserto transformou-se numa mini-cidade. Uma mini-cidade num deserto do Cholistão com mais de 2.000 trabalhadores acompanhados de maquinaria pesada, condutas de água e postes, blocos de edifícios e linhas de transmissão de energia.

3.10 Reduzir as emissões, proporcionar meios de subsistência

O local do Parque de Energia Solar Quaid-e-Azam (QASP) no deserto do Cholistan é um local ideal para uma central de energia solar. A área do deserto do Cholistan é plana e adequada para projectos comerciais em grande escala no futuro próximo. A luz do sol está disponível 13 horas por dia, o que aumenta consideravelmente o valor do sítio. A vantagem da construção de um parque solar nestas zonas é que pode ser

Figura 28 Vista aérea da QASP - Foto cedida por Quaid-e-Azam Solar Power (Pvt) Ltd

A conclusão dos projectos é muito mais rápida do que a dos projectos térmicos ou hidroeléctricos, cuja manutenção demora muito mais tempo. O Parque de Energia Solar Quaid-e-Azam (QASP) reduzirá a pegada de carbono do Paquistão, reduzindo as emissões anuais em 90 750 toneladas e substituindo cerca de 57 500 toneladas de carvão queimado. O Paquistão tenciona reduzir a sua dependência do carvão, petróleo, gás e hidrocarbonetos importados de cerca de 87% para 60% até 2025. Está previsto que o país produza o seu cabaz energético total a partir de fontes renováveis, em vez da energia hidroelétrica, que representa 15% do cabaz energético total. A atual produção de energia renovável do país é de cerca de 1% a 2%. O Paquistão contribui com menos de 1% para a produção global de gases com efeito de estufa (GEE) e as emissões de carbono estão a aumentar 3,9% ao ano. Se este ritmo de emissões se mantiver, o país emitirá 650 milhões de toneladas de $CO2$ até 2020. O Parque de Energia Solar Quaid-e-Azam (QASP) atrairá investimentos para a região e criará entre 15 000 e 33 000 postos de trabalho para os habitantes locais.

3.11 Impacto ambiental das energias limpas

O impacto do Parque de Energia Solar Quaid-e-Azam no ambiente e nos recursos naturais não é bem conhecido, uma vez que a energia solar está presente no cabaz energético e as tecnologias estão a evoluir. A central de energia solar tem alguns impactos negativos, por exemplo, necessita de muita água para a sua limpeza e arrefecimento, ao mesmo tempo que aumenta a sua eficiência. A energia solar consome muita água. Os painéis fotovoltaicos têm de ser mantidos limpos manualmente de forma periódica, uma vez que é necessário um litro de água para limpar cada painel. O Parque de Energia Solar Quaid-e-Azam precisa de consumir uma grande quantidade de água para limpar os eventuais 5,2 milhões de painéis, uma vez que a área já está sujeita a carências de água. Em 10 a 15 dias, cerca de 30 pessoas limpam 400 000 painéis fotovoltaicos. Felizmente, as chuvas sem precedentes limpam muitas vezes

Figura 29 Vista aérea do QASP

Os painéis fotovoltaicos são instalados automaticamente, mas não o tempo todo. As actividades da central na região perturbaram a rica biodiversidade e a vida selvagem da região árida, como o gato caracal, a gazela indiana e a abetarda houbara. A central eléctrica tem uma "pegada" substancial na terra, uma vez que as actividades comerciais estão associadas a um grande projeto solar fotovoltaico na região e a uma nova rede rodoviária. O Departamento de Proteção do Ambiente sugeriu ao governo a criação de um "fundo ambiental e social" para compensar qualquer impacto negativo. Os ambientalistas estão também preocupados com os milhões de painéis fotovoltaicos que se desgastarão num período de 25 anos. Os painéis terão de ser reciclados para extrair o silício utilizado no seu fabrico e depois substituídos.

3.12 Nem toda a gente está contente

As centrais de energia solar têm um preço inicial de construção exorbitante, pelo que os investidores vão enriquecer com o projeto solar, enquanto que, a longo prazo, os consumidores terão de pagar mais. As centrais hidroeléctricas e as centrais eólicas podem produzir energia por menos de metade do preço da energia solar, por isso, porquê a fixação na energia solar? Outros especialistas afirmam que a exploração solar produzirá, na realidade, muito menos do que os tão apregoados 1 000 MW de eletricidade, porque os painéis solares têm cerca de 20% de eficiência e o seu pico de produção é durante o dia, enquanto o pico de procura é à noite, quando a central solar não está a produzir nessa altura. Alguns peritos afirmam que têm de ser tomadas medidas alternativas para recorrer a fontes térmicas ou hidroeléctricas a um "custo adicional". No entanto, os proprietários do projeto afirmam que a central solar de 100 MW pode produzir perto da capacidade de 85 MW no seu pico.

O Parque de Energia Solar Quaid-e-Azam afirma que está a vender energia solar à rede nacional a um preço de 0,14 dólares por unidade. A National Transmission and Dispatch Company (NTDC) assinou um acordo para comprar eletricidade a 0,24 dólares por unidade, que baixará mais tarde para talvez 0,17 dólares por unidade quando os empréstimos forem pagos após um período de sete anos. Este preço é muito mais elevado do que os 0,12 dólares do GNL importado, os 0,07 dólares da energia hidroelétrica e os 0,11 dólares do fuelóleo. Quando os preços do petróleo estavam à taxa de 110 dólares por barril, havia justificação financeira para as centrais de energia solar. Alguns outros peritos afirmam que os preços da energia solar irão baixar com o tempo, tornando-a mais competitiva. Todas as novas tecnologias, como a tecnologia solar, com custos exorbitantes na fase inicial, diminuem com o tempo. A este respeito, temos de aprender com a China, uma vez que os preços das células solares estão a diminuir e a eficiência está a aumentar. A energia eólica poderia ser uma melhor alternativa à energia solar no que respeita ao custo, uma vez que o custo da energia eólica é inferior ao da energia solar. O Paquistão tem um potencial eólico de 120 000 MW, que pode ser produzido também durante a noite, ao contrário da energia solar, que só é produzida durante o dia.

3.13 Parlamento do Paquistão totalmente alimentado por energia solar

O Parlamento do Paquistão é alimentado por energia solar, que foi financiada pelo governo chinês como sinal de amizade. Esta central de energia solar produziu 80 MW de eletricidade, dos quais 62 MW são consumidos pelo Parlamento e 18 MW são fornecidos à rede nacional. O custo do projeto é de 500 milhões de rupias, patrocinado pelo Governo chinês. O Parlamento do Paquistão é o primeiro no mundo a ser totalmente alimentado por energia solar. "O projeto de energia solar do Parlamento do Paquistão é o primeiro projeto que recebeu uma licença de "net metering" da NEPRA. Através da contagem líquida, a energia excedente gerada pelo projeto de energia solar é injectada na rede nacional e, quando a procura é elevada, utiliza a eletricidade da rede nacional. Este projeto não emite quaisquer gases perigosos que causam o aquecimento global, pelo que é amigo do ambiente.

Figura 30 Parlamento do Paquistão

3.14 Paquistão na via do progresso da energia solar

O Conselho para o Desenvolvimento de Energias Alternativas (AEDB) e o Banco Mundial elaboraram em conjunto uma série de mapas solares para o Paquistão. Estes mapas ajudarão a implantar novos projectos de energia utilizando a energia solar. Através destes mapas solares, o Paquistão será o primeiro país a utilizar estes mapas e juntar-se-á à lista de países desenvolvidos que têm acesso a mapas solares legalizados e de alta qualidade para o planeamento de projectos. Este projeto de cartografia solar inclui dados de nove campos diferentes em todo o país. Estes nove campos de dados estão instalados com estações de medição solar que foram instaladas há dois anos em diferentes locais do país.

3.15 Financiamento de projectos de energia solar no Paquistão

O Banco Mundial, a partir do seu fundo verde, financiará os projectos de energia solar. Isto permitirá melhorar o cabaz energético do Paquistão. O Banco Mundial mostrou-se disposto a financiar os projectos de energia solar a 3 a 3,5 cêntimos/kWh. Esta tarifa é muito interessante, pois é menos de metade do que o Paquistão está a produzir de energia eléctrica a partir do carvão.

Capítulo 4

A ENERGIA SOLAR E OS SEUS BENEFÍCIOS AMBIENTAIS

4.1 Introdução

O Paquistão está seriamente ameaçado pelas emissões de gases com efeito de estufa no futuro próximo, uma vez que o Corredor Económico China-Paquistão tem muitos projectos energéticos de carvão para gerar uma grande quantidade de energia eléctrica. Embora as emissões de gases com efeito de estufa do Paquistão sejam baixas em comparação com as normas internacionais actuais, mas devido aos projectos energéticos do CPEC no país, constituirão uma séria ameaça para o futuro do país. O total de emissões de gases com efeito de estufa do Paquistão é de 310 milhões de toneladas de equivalente CO_2. Estas consistem em: 54% de CO_2; 36% de metano (CH_4); 9% de óxido nitroso N_2O; 0,7% de monóxido de carbono (CO); e 0,3% de compostos orgânicos voláteis não-metânicos. A maior fonte individual de emissão de GEE no Paquistão é o sector da energia. Este sector é responsável por cerca de 51% destas emissões no ambiente do país. Para além do sector da energia, a contribuição dos outros sectores para as emissões é a seguinte 39% do sector agrícola e 6% dos processos industriais. Como tal, os objectivos mais vitais para os esforços de mitigação centrados na redução das emissões de GEE são os sectores da energia e da agricultura. No sector da energia, a integração dos objectivos em matéria de alterações climáticas e de política energética é particularmente importante, uma vez que o investimento de hoje irá "fixar" as infra-estruturas, os combustíveis e as tecnologias a utilizar nas próximas décadas. O Paquistão necessita de um ambiente limpo, bem como de uma grande quantidade de energia para satisfazer o seu progresso industrial e comercial. Para satisfazer a procura de energia, pode recorrer-se a tecnologias isentas de emissões de gases com efeito de estufa. Neste domínio, a energia solar está disponível em abundância em todas as coordenadas do país, sendo amiga do ambiente e barata.

4.2 A abordagem a curto prazo da política energética do Governo está a sacrificar o futuro do Paquistão

Desde a última década que o Paquistão enfrenta um défice de eletricidade e esta situação está a agravar-se com o passar do tempo. O Paquistão está a desperdiçar os seus recursos em centrais de combustíveis fósseis dispendiosas, enquanto o mundo está a avançar para recursos energéticos renováveis baratos. O custo dos recursos energéticos renováveis baixou significativamente nos últimos anos, enquanto o preço dos combustíveis fósseis aumentou. As centrais alimentadas a gás e as centrais alimentadas a combustíveis fósseis são perigosas para a saúde humana e para o ambiente.

Figura 31 Emissão de gases NOx pelo carvão

4.3 Défice de eletricidade no Paquistão

O défice de eletricidade no Paquistão está a aumentar gradualmente. É de cerca de 3000MW no inverno e aumenta para 7700MW, o que representa mais de 25% da capacidade de produção do Paquistão, no verão. Consequentemente, são efectuadas cerca de 3 a 20 horas de corte de carga, consoante a região e a época do ano. Os peritos da CPEC previram que a diferença entre a procura e a oferta do Paquistão ultrapassará os 9000MW em 2017 e os 10 000MW em 2020. Todos os anos, 7 a 8 lac novos consumidores são acrescentados à rede e 5 lac novos aparelhos de ar condicionado acrescentam mais 1000MW de procura de energia ao sistema.

4.4 Estratégia de energia do governo

O governo do Paquistão está a planear a construção de novas centrais de carvão, solares, nucleares e hidroeléctricas para ultrapassar o problema da falta de energia. Devido à natureza da crise imediata, o Paquistão concentrou-se nos projectos de energia que podem ser rapidamente concluídos. As centrais hidroeléctricas produzem eletricidade a preços baixos, mas exigem grandes investimentos e tempo para a sua conclusão. Duas soluções possíveis são as centrais eléctricas alimentadas a combustível e as centrais solares, que podem ser utilizadas para a produção em massa de energia num curto período de tempo. De entre estas duas soluções possíveis, o governo, devido a algumas razões estranhas, escolheu centrais eléctricas a combustível. A maioria dos projectos compostos são centrais eléctricas alimentadas a carvão, uma vez que o Governo planeou inaugurar 9 centrais eléctricas a carvão com uma capacidade combinada de 10 000 MW. Por outro lado, só foi anunciado um projeto de energia solar com uma capacidade de 1000 MW, que atualmente só produz 400 MW.

Quadro 14 Centrais eléctricas no Paquistão

Project Name	Capacity	Type	Development Cost	Estimated Deadline
Port Qasim Company	1320MW	Coal (Imported)	$1.98 Billion	Q1 2018
Sahiwal Power Plant	1320MW	Coal (Imported)	$1.60 Billion	2H 2017
Engro Thar Mine Mouth Power Project	1320MW	Coal (Imported)	$3.47 Billion	Early 2019
HUBCO Coal Power Plant	666 MW	Coal (Imported)	$1.20 Billion	Early 2019
SSRL Mine Mouth Power Project	1320MW	Coal (Imported)	$3.30 Billion	Early 2019
Qaid-e-Azam Solar Park	1000MW	Solar	$1.35 Billion	Partially Live
Dawood Wind Farm	50MW	Wind	$125 Million	Partially Live
UEP Wind Farm	100MW	Wind	$250 Million	
Sachal Wind Farm	50MW	Wind	$134 Million	June 2017
Karot Hydro Power Station	720MW	Hydel	$1.42 Billion	2020
Suki Kinari Hydro Power Station	870MW	Hydel	$1.802 Billion	2020
Kohal Hydel Project	1124MW	Hydel	$2.39 Million	2024
Rahim Yar Khan Coal Power Project	1320MW	Coal (Imported)	$1.60 Billion	NA
Pakistan Wind Farm-2	100MW	Wind	$150 Million	NA
Oracle Coalfields Mine Mouth Power Project	1200MW	Coal (Loacal)	NA	2022
Muzaffargarh Coal Power Project	1320MW	Coal (Imported)	$1.60 Billion	2022
Gwadar Coal/LNG/Oil Power Project	300MW	Coal, LNG, Oil	$600 Million	
Gas Power Plant	525 MW	Gas	$550 Million	NA

4.5 Centrais eléctricas a carvão do Paquistão e do mundo

A China está a investir nas centrais eléctricas a carvão do Paquistão. A China tem vindo a encerrar as suas centrais eléctricas alimentadas a carvão. A razão para isso é a poluição, como a poluição nas cidades de Karachi e Lahore.

Figura 32 Situação em Pequim quando as centrais eléctricas a carvão estavam a funcionar

Cerca de 200 países do mundo celebraram um acordo em Paris para salvar o ambiente. Este acordo tem por objetivo reduzir as emissões de carbono e a poluição. Em consequência, a maioria dos países encerrou as centrais eléctricas alimentadas a carvão ou está a utilizar tecnologias para capturar o carvão, de modo a que o carbono não seja libertado na atmosfera. A Austrália, o México e muitos outros países encerraram as suas centrais eléctricas a carvão porque as fontes de energia renováveis estão a ficar mais baratas de dia para dia. No entanto, o Paquistão está a concentrar-se apenas nelas.

4.6 Riscos potenciais das centrais eléctricas a carvão

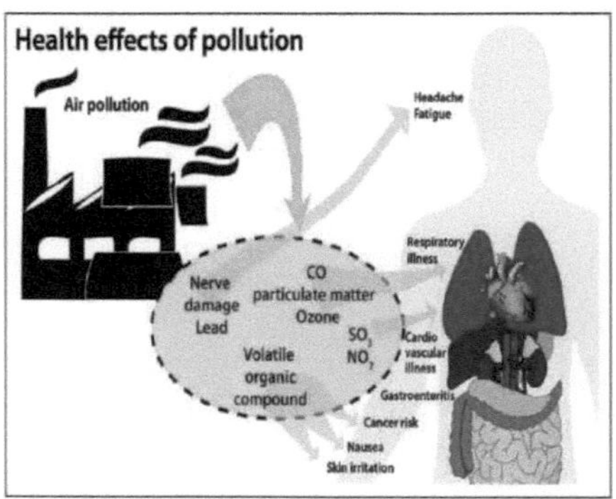

Figura 33 Uma visão geral da forma como a poluição afecta os pulmões

Os óxidos de azoto são muito perigosos para a saúde, pois provocam irritação nos olhos, nariz e garganta. Provocam lesões graves nas vias respiratórias, a acumulação de fluidos e podem mesmo causar a morte. As centrais eléctricas alimentadas a carvão são a segunda maior fonte de produção de óxidos de azoto. Os poluentes de azoto também provocam smog, que pode resultar em problemas respiratórios e doenças respiratórias graves devido a danos permanentes nos pulmões. Este smog foi registado recentemente em Lahore. Todos os anos, milhares de vidas são ceifadas pelas partículas produzidas pelo fumo do carvão. Outros poluentes atmosféricos libertados pelas centrais de carvão têm graves consequências para o desenvolvimento e a saúde do cérebro. As dificuldades de aprendizagem e outras perturbações ocorrem nas crianças, uma vez que estas são mais vulneráveis a estes efeitos. A toxina que pode causar doenças cerebrais nas crianças e doenças cardíacas nos adultos é o mercúrio. Uma vez que o carvão tem um efeito vital no aquecimento global, as centrais eléctricas a carvão no Paquistão agravarão a situação, pois este é atualmente o sétimo país mais afetado pelas alterações climáticas. A tecnologia solar é a grande fonte para erradicar a poluição e salvar o ambiente do Paquistão.

4.7 Custos de saúde não contabilizados

Embora a produção de eletricidade a partir do carvão seja mais barata, um dos aspectos do carvão que normalmente não é tido em conta é o seu efeito na saúde. Como já foi referido, as centrais eléctricas a carvão são muito perigosas para a saúde. medida que as doenças e os riscos para a saúde aumentam devido a essas fontes de energia, o custo global das actividades de saúde para o governo aumenta.

4.8 Palavras finais

Enquanto outros países estão a encerrar as suas centrais eléctricas a carvão, o Paquistão está a tentar criar novas centrais. Se esta situação se mantiver, o Paquistão poderá registar um smog que poderá cobrir todo o país. O governo tem de recorrer à tecnologia de captura de carvão ou a fontes de energia alternativas, como a solar, que não são perigosas para a população e o ambiente do Paquistão. É obrigatório que o Paquistão opte pela tecnologia solar para ultrapassar os problemas ambientais.

APÊNDICES

Lista de acrónimos

KWh	Kilo watt Hour
MIT	Massachusetts Institute of Technology
CSP	Concentrated Solar Plants
TSI	Total solar irradiance
AU	Astronomical Unit
TOA	Top of Earth's atmosphere
SI	System International
EJ	Extra Joules
TW	Terawatts
TWh	Terawatts Hour
PV	Photo Voltaic
MAR	Monthly Average Radiation
DNSR	Direct Normal Solar Radiation
MASI	Monthly average solar irradiation
GPE	Global Energy Potential
AEDB	Alternative Energy Development Board
PSDP	Public Sector Development Program
NIST	National Institute of Silicon Technology
LoI	Letters of Intent
WAPDA	Water and Power Development Authority
ADL	Average Day Length
TPV	Thermo Photovoltaic
UCE	Unit Cost of Energy
LV	Low Volt

Prefixos

Symbol	Prefix	Factor
T	tera	10^{12}
G	giga	10^{9}
M	mega	10^{6}
k	kilo	10^{3}
c	centi	10^{-2}
m	milli	10^{-3}
μ	micron	10^{-6}
n	nano	10^{-9}
p	pico	10^{-12}

Conversão de unidades

Energy and Power Conversions	
1kWh	3.6×10^{6} J
1 hp (horsepower)	746 W
1 Btu	1.055 kJ
Time Conversions	
1 year	8765.8 hours
1 hour	3600 sec
1 year	3.157×10^{7} sec
Solar Radiation Conversions	
1 kWh/m^2	1 Peak Sun Hour
1 kWh/m^2	3.6 MJ/m^2
1 kWh/m^2	0.0116 Langley
1 kWh/m^2	860 cal/m^2
1 MJ/m^2/day	0.01157 kW/m^2
1 kW/m^2	100 mW/cm^2
Miscellaneous	
1 ft^2	0.093 m^2

Printed by Books on Demand GmbH, Norderstedt / Germany